職場優升學

LEVEL UP

25個自我優化・
能力躍遷的長勝法則

方植永（小安老師）—著

推薦序

一本生動易懂、深入人心的職場教科書

日勝生加賀屋國際溫泉飯店總經理　沈維真

絕大時間都投入在現場及管理上的我，已經許久沒有好好閱讀一本書了，開始閱讀後發現這本書很容易令人融入情境，跟小安講師授課時一樣生動。

閱讀後，讓我稍微沉靜，也回頭檢視自己是否是一位好主管。

這本書是給予目前任主管職，剛晉升主管職及將來想挑戰主管職的一本非常值得參考的教科書，不管是舉例也好，或使用的形容方式也好，生動且易懂，更能深入讀者的心，產生共鳴。

從事服務行業三十多年，每天還是面臨許多問題的發生，這也是我認為服務業每天都有不同挑戰的最有趣的地方。就如書中所說，時代改變，思維也必須改變。

小安年紀雖輕，但也是因為很年輕時就懂得努力付出所得到的經驗累積，遠超於所經歷的職涯，相信這一定是小安一直用心聽、用心看、用心分析也積極分享，才有這本書的誕生。

也因為小安親身經歷的種種，所以很明確地將許多主管或許會面臨的問題，生動地寫出貼切的字眼，讓讀者可以很容易融入狀況，也具體地提醒方法及方向，這也是小安安排的課程，為何那麼受許多企業的推薦及喜愛的原因。員工基本上是排斥上課的，但，每每看見同事們與小安講師熱烈互動，心中是滿滿的感謝，也滿滿地自豪邀請小安來啟發同事們。

如同書中所提到的，管理的確是一大門學問，需要累積待人處事的經驗，才能獲得某種程度的功夫，尤其是管理「人」，不同的家庭、不同的教育、不同的生長環境，對事情的解讀方式都有所不同。我也常跟主管分享，不要認為部屬「都應該知道」或「都能判斷」如何處理事務，沒有經驗的累積，往往不是想像中單純。希望讀者們藉由這本書能得到好的啟發，我也已經「借分享」許多思維給我的主管們了，建議這本書可以擺放在書桌的最上層抽屜，遇到瓶頸時可隨時拿出來翻一翻，相信能和我一樣，先沉靜一下，然後提醒自己也改變處理方式，讓人與事可以朝著更好的方向前往。

最後還是希望主管們放開心胸，朝著如何傳承的方向，就像小安把自己的KNOW HOW分享給大家一樣，讓社會更和諧，讓職場及企業發展更順暢。

推薦序

小安老師的無私分享，都在這本書裡！

SparkLabs Taiwan 國際創投暨新創加速器創始管理合夥人 邱彥錡

除非你是公司老闆需要煩惱如何籌措營運資金，不然讓大小主管煩心、徹夜輾轉無法入眠的，莫非就是人事帶領。我們理解「人順了事就順了」的道理，但要怎樣做才能「順」，寶貴經驗與參考作法，小安老師無私地分享在《職場優升學》這本書裡。

無論是扁平式領導、矩陣式結構，或階級式管理，為實現企業目標，公司會分成多個部門或專案小組（Task Force），授權各主管帶領數人透過實踐執行達成階段性任務。身為主管的我們當然渴望能夠在分配目標後，同仁自動自發地完成任務並主動回報，在有人就有政治的辦公室環境，加上外部環境與個人情緒變化，事情往往不會順從你意，時不時聽到同仁抱怨、傳言某同事講其他同事壞話、某某擺爛不做事，這些都讓身為主管的我們感到煩躁。

我在二十七歲時初任外商公司總經理，當時第一次擔任主管表面上風光，但因為過去並沒有太多團隊管理與跨國、跨部門溝通的經驗，要怎麼當一位稱職的好主管我完全沒概念。我買下當時排行榜上所有經典管理書籍，拜讀多次試圖參透其管理理論，我也花時間去上學費很貴的知名溝通領導課程，在課堂上我積極參與演練，偏偏當我試圖把這些書本智慧與課堂方法落實到工作上時，就是無法得到預期的反饋，無力感好重但我仍不想放棄。

在二〇一六年四月一個週日下午，我有幸報名上到小安老師的領導課程，課程一開始的「沙漠求生」、飯店業的管理實務，以及「零流動率的領導新法」在在點醒我許多對追求管理大師的迷思，原來真正的管理成功關鍵不在運用什麼理論，而是是否能夠事先知道你會遇到什麼情境、遇到時如何面對、甚至怎樣積極提升自己以避免問題發生，再更一步從招募就找到好的人才。小安老師不只啟發我如何成為更好的領導者，更是我在帶領團隊海洋中的浮木。

因為理解新手主管的茫然與帶人的挑戰，我所創辦的SparkLabs Taiwan國際創投暨新創加速器，定期都會邀請小安老師來為創業家們分享如何打造「良好的企業文化」、「如何帶人帶心」、「打造高效溝通的領導心法」，上課的新創從三人到百人規模都有，他們皆表示相見恨晚。我深信要建立一間偉大新創的創辦人若能盡早知道領導與管理的眉角要點，近一步讓核心團隊具備帶人與溝通能力，團隊在成長之際必能減少更多因人事所帶來的內耗，更專注在事業版圖的擴張。

如果你跟我一樣重視人才，渴望在公司增長同時也帶領團隊夥伴成長，推薦你趕快翻開《職場優升學》，仔細閱讀書中的案例並落實在工作中，你會開始得到正面反饋，體會到帶人所帶來的成就感！祝福讀完本書且落實的各位高枕無憂，好夢好眠。

推薦序

當主管就是一種沒有小我、只有大我的服務

星展銀行（台灣）學習與發展部資深副總裁　程鈺玲

準備拜讀這本主管工具書之前，請問大家為何要選擇這份工作？有特權？拿高薪？獎金多？福利好？特休多？如果是以上這些原因，誤以為從此可以呼風喚雨，身分地位水漲船高，那我建議您還是別當主管，因為……

當主管很辛苦，掌聲要留給同仁、過錯要自己承擔。

當主管很辛苦，往往沒有一定的下班時間，任何緊急的事都得馬上處理，哪怕是凌晨十二點，有時候孩子還得陪我在辦公室加班。

當主管很辛苦，中午來不及吃飯，但還是得趕去買蛋糕回辦公室幫部屬慶生。

當主管很辛苦，很多公司的決策怕亂了軍心，所以都不敢說真相，甚至任由同仁怪罪於自己，結果只能憋在心裡，有苦自知好難受。

當主管很辛苦，面對績效不佳的員工，即便平常關係再好，也得要狠下心處理，避免劣幣驅逐良幣。

當主管很辛苦，五根手指長短不一，在資源不足的情況下，如何打考績、發獎金、談升遷時才能做到公平公正？處理不當還會在社群媒體被連名帶姓靠北。

當主管就是一種服務，沒有小我、只有大我。

根據今年美國《世界概況》（The World Factbook）的統計，台灣目前是全世界生育率最低的國家，已無法在世代交替的輪迴下達到出生和死亡的水平，維繫國家正常的發展與運作。意思是未來的缺工問題、人才爭奪戰只會越趨嚴重，如何努力打造世代嚮往、有歸屬感的工作環境，擬定人才留任的策略更是刻不容緩，所以主管的角色更為吃重。但當主管真的很辛苦，除了平常管事，還得領導他人，所以十八般武藝什麼都要會，永遠要保持成長型思維，持續挑戰自我、涉獵新知，還要懂得自省、要有肚量邀請同仁給予回饋，各種領導技巧心理學都得要練習，三百六十度的溝通能力尤其是關鍵。過去這二十多年來在職場上曾經遇過的主管形形色色，除了幾位我視為榜樣的好主管外，還有許多算計陷害的、歧視女性的、霸凌羞辱的、往我臉上丟文件罵髒話、眼裡永遠只有自己的慣老闆。回想起二十三歲那年自己為何選擇要當主管，除了希望可以承擔更大的責任外，始終是因為不想再讓身邊的任何人再遭受到這般對待。

最後，想與各位讀者分享一下，我與學弟方植永都畢業於瑞士Les Roches大學的Hospitality Management。常笑說，我們就是一群主修「同理心」的人，每天在研究「如何滿足基本需求後還得要超出客人期望」，終極的產出，就是要運用我們所學的專業知識以及發揮磨練而來的軟實力，共同創造客人畢生最難忘的美好回憶。那些年在飯店最前線工作的時候，讓我們最熱切期待的，莫過於「今天有哪些可以創造驚喜、感動客人的任務」，看著他們因為某個橋段驚訝到說不出話，或者是感動到掉下眼淚，與客人們一起分享當下的悸動時，都是讓我們頓時忘卻辛勞、感到心靈最滿足的時刻。對我而言，Hospitality就是一種態度，而以這種態度為導向的領導，才能以「利他」出發，願意把傳承做好、無私奉獻，看到部屬成功的時候，會比自己升遷還要更興奮感動的那份真心。

曾經看過享譽全球的暢銷書作家、教練——約翰．麥斯威爾（John Maxwell）提出對於主管在領導他人時應該要有的態度：“Leadership is not about titles, positions or flowcharts. It is about one life influencing another.”（領導無關職稱、職位或是流程圖，而是一個生命影響了另一個生命。）

至今我仍然秉持著這份精神領導他人，這也是我認為人生裡最有意義的服務項目。當主管真的很辛苦，但我願意把這份神職做好，創造機會的舞台讓同仁得以貢獻，點燃他們的熱情，發現自己的價值，為這個社會持續發展更多的人才，讓企業都能邁向永續經營的未來。

各位主管，您準備好了嗎？

推薦序

從新手變好手的主管實戰手冊

《經理人月刊》總編輯　齊立文

閱讀這本書的過程中，我彷彿把自己當主管以來的心路歷程，重新回顧了一遍：「對，當主管就是會碰到這麼多『問題』。」很多時刻，不免都會為了這一道又一道的難關，感到灰心失志、自我懷疑，心裡感嘆著：「當主管好難。」

難的是，還沒當上主管前，這些「問題」就算擺在你面前，你看了無感，讀了解答也無益，因為未必派得上用場；等到你憑藉個人優異表現，在同儕間脫穎而出，在職場階梯上升一層之後，這些問題往往不是一個一個來，而是全部一起來。原因不難想見，你已經從個人貢獻者，變成團隊領導人，牽涉到的人事物變多、也變複雜了。

更難的是，帶人管事的種種問題，不會隨著你當主管的時日久了，它們就變少、變簡單；而且這些問題往往也沒有標準答案，不但必須因人因時因地制宜，還變化多端、日新月異，逼得人只能持續改善、與時俱進。

借用俄國文豪托爾斯泰的名言：「所有的幸福家庭都是相似的，每個不幸的家庭則各有各的不幸。」在工作現場，如果要主管開出「幸福主管」、「幸福團隊」的指標，大致不外乎公司業績好、組織福利佳、團隊績效高、員工很投入……等等，一旦說起主管的不幸，則是各有各的心酸，因為「人心」太難掌控了。

主管「帶人要帶心」，早已是老生常談，但是在看到小安老師對於各個主管疑難雜症提供的建議時，我赫然發現我似乎不曾仔細想過，到底「帶心」是什麼意思？當然，小安在書中是有提出很棒的答案的（敬畏心、勇敢心、上進心），也給了我不一樣的啟發。

不過，我想從自己讀完整本書以後的心得延伸，分享我對於「帶心」的體會。

我建議你先翻開目錄，瀏覽小安老師列出的每一道主管難題，你應該可以發現，主管從晉升的那一刻起，首先要面對的其實是自己的心，其次則是了解團隊成員們的心，然後設法在這個「一對多」的組織架構裡，經營一段彼此有同理心，能夠換位思考的協作關係。

主管看起來很有信心，但是時不時也會疑心自己是不是「冒牌者」、德不配位？他們經常也會因為團隊成員不好帶、留不住，而憂心忡忡、夜不成眠。雖然職場歷練多了，卻還得保有好奇心，才對於新生事物、新世代抱持偏見、囿於刻板印象。最重要的是，要常常告誡自己保持虛心，才不會因為自己是職場老手，對於提攜同事缺乏耐心，畢竟老手不見得是好手，當主管切忌「窮到只剩下年資和位階」。

我無意玩文字遊戲，考驗自己能夠寫出多少主管應該具備的心。我只是想說，如果說好員工是好主管教出來的，那麼好主管也絕對是員工成就而來的，因為無論他們帶著疑問、抱怨或讚許，都讓身為主管的你我，在每一個當下，有機會把心變柔軟，發揮同理心，去思索應對之道，成為更好的主管。

因為與我們公司「新商業學校」的長期合作，我和小安老師認識快十年了，可以說看著他在舞台上從青澀到成熟（希望老師不會介意），內容愈來愈扎實，授課風格也愈來愈風趣，我想這都是因為他不斷翻新教材、自我突破的緣故。

這是一本實用的主管手冊，由小安老師多年的職場、教學及諮詢經驗淬鍊而成，相信可以為正在苦惱的你，提供非常受用的解答。

自序

職場優升學，是人生必修學分

父母在孩提期間重視「優生」，長大後其實我們也必須重視自己的「優升」。每個人都希望在職涯上有所成長，從外顯的薪資增長與職位晉升，乃至於自己能夠為團隊帶來實質貢獻與正向影響力，我們渴望自己是某個領域的somebody。

然而在正式成為主管前，我們都沒有學習或練習如何成為一個領導者。更多的時間我們擔任跟隨者或是執行者的角色，不論是按照父母的計畫、學校的安排、公司的制度，通常只需要照顧好自己分內的任務就好，此時的人際關係也相對單純，不會有太多的利益糾葛。

隨著身分的轉換，我們成為了領導者的角色，便需要開始擁有策略思考、決策判斷、指導培育的能力，人際應對上也要懂得協作互利，不再適用單打獨鬥或獨善其身，更沒有人為你布局完整的規劃，所以你會感到惶恐不安。

我在二十三歲就成為經理人，一開始我期待上司會給予好用的裝備去迎戰，最後卻是自己碰了一鼻子灰。後來體悟到，成長從來就是自己的責任，不該等待他人的餵養。或許起初你會覺得困難重重，就像要讓一個巨大的輪子轉動起來，需要耗費很大的力氣；但是當你把經歷淬鍊成可複製的經驗，每一步的努力都不會白費，就正是心理學所說的「飛輪效應」，最終你會越做越順，悟出屬於自己的最佳職場生存之道。

這本書所分享的心法與技法或許不是絕對，不過是我十多年來的累積，也都是自己親身使用過的方法，或許能成為讓你擁有多一個選擇的方向。

世界越來越多變，照亮別人不見得非得燃燒自己，而是幫助團隊的每位夥伴都能發光。我相信協助更多人的成功，才會是成就。

職場優升學，是人生必修學分，早一點學習，或許能少一點的傷。

Contents

PART 1 打造職場強心臟

我晉升了，卻不知道如何當個主管？ 026
原本的同儕變成了下屬，原本的好關係要怎麼維繫？ 035
員工在背後講我壞話，如何面對這些流言蜚語？ 043
如何面對上司能力不足、累死三軍的狀況？ 050
升職後，發現主管職跟自己想的不一樣，有些後悔怎麼辦？ 056
當主管久了，該如何調適自我懷疑或倦怠期？ 063
成為主管後想創造職場好人緣，是不是天方夜譚？ 070
針對愛抱怨的員工該怎麼應對？ 076

PART 2 鍛鍊好體質

怎麼讓自己不被後浪追趕而淘汰？　084
如何跳脫舒適圈作出改變？　092
怎麼成為上司的好幫手？　099
該如何培養主管風範跟自信？　105
有情緒的時候，要如何保持理性表達？　113
如何培養自己的判斷決策能力？　119
跨世代管理很困難，該怎麼溝通？　126
該如何看懂團隊組成，不把小人當貴人？　133

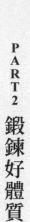

PART 3 帶出神團隊

帶人要帶心，如何確保團隊跟我同心？ 142

要找到跟自己互補，或是特質類似的員工？ 150

如何應對部門人員的高流動率？ 158

該如何找到人才？去哪裡找人才？ 166

員工犯錯該怎麼給回饋，才不會讓他玻璃心碎一地？ 173

如何有效地激勵夥伴，提振團隊士氣？ 180

要怎麼培養左右手？ 187

年度考績要怎麼打才公平？ 193

如何引導部屬正確執行任務？ 200

PART 1

打造職場強心臟

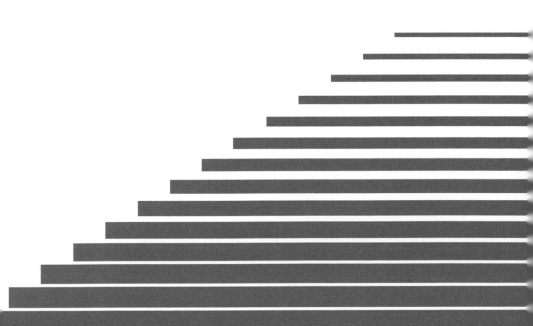

我晉升了，卻不知道如何當個主管？

小孟在公司的人事布告欄上看到了好朋友小山的升職消息，兩人相約中午休息一起用餐。

小孟興奮地說：「小山，恭喜你升官，你一定很開心吧！真是實至名歸。」

小山皺眉淺笑，「嗯，謝謝。其實我的主管兩個禮拜前就告訴我這個消息了，可是我真不知道要怎麼當主管、怎麼樣帶團隊，很擔心自己做不好。老實說，這兩個禮拜我的情緒滿複雜的，與其說開心，倒不如說惶恐的感覺更多一些。」

小孟：「我覺得每個主管應該都是這樣走過來的，應該做久了就會熟悉了。你可以看看你的主管都做些什麼事啊～大致上就是排排班表、管理進度、糾正錯誤吧？然後責任也因為職位變高所以變重了。」

小山嘆口氣回答：「或許吧，我只是認為主管應該有更大的使命意義在後面，不該只是這樣表象。我需要一些時間去摸索，但好像又沒時間做準備……」

升官加薪是件值得喜悅的事情，身邊的親朋好友會爭相在臉書幫你按讚打氣，或者透過手機捎來恭喜。原本以為擁有主管的權力以後，一切就會變得很好，但就職後卻發現，這個位子並沒想像中容易，不再是把分內的事情做完就好，除了「管事」還要懂得「理人」。

然而，當你沒有思考自己在這個職位上的意義，能夠產生出什麼樣的能量，很容易就會落入彼得原理（Peter Principle）之中。也就是說，人往往因為某些能力或特質而被拔擢，然而晉升後卻因為各種原因碰壁而無法勝任，最終變成組織裡的冗員及負資產。

你可能會問，公司在晉升的時候，都沒有明確說明「為什麼是我升職？對我的期待是什麼？我不知道要帶領團隊去哪？接下來組織發展目標是什麼？未來策略布局又是什麼？」。

的確，有時候企業礙於組織現況很缺人，所以必須即刻選擇表現比較好的人晉升，還沒來得及給你完整的培訓，就需要你坐穩這個位子。這個時候的你只能遇到了才懂、碰到了才學，在摸索的過程中，感覺阻礙重重、戰兢迷濛，便很容易落入自我懷疑的情緒漩渦之中。

面對這樣困難的處境時，有的人會成為「一定是我能力不足」的加害者，又或者是「都是公司沒有栽培我」的受害者，但這兩種思維是無法幫助事情有所改善的。調整為積極的承擔者，思考「面對這樣的情況，我能做些什麼？」才有機會扭轉局勢。

新官上任三把火的你，會想要大刀闊斧在新職務上創造產值、為部門帶來顯著績效，但我反而會建議，先不用汲汲營營地在短時間內樹立顯赫戰功，首先必須思考的是，你對於團隊能提供什麼樣的幫助，關注在「人」而非「事」。面對你的團隊夥伴，試著把自我價值透過以下四種角色來體現，分別是：伯樂、教練、分析師與啦啦隊。

如果你是內部晉升，表示對於身邊的夥伴應該有相當程度的認識，懂得辨識每個人的特長、懂得如何將對方的優勢正確地運用、你知道誰跟誰一起工作可以創造更好的產能，這時候成為夥伴的伯樂，適才適所地給予相對應的任務，嘗試協助將他的長處不斷提升，逐步打造自己的幕僚團隊。

倘若你是空降主管，對於企業文化、運作、機制、人員等，都還在適應熟悉的階段，請優先花時間在團隊夥伴的認識上。小安會建議每個禮拜刻意安排一個時段給夥伴，聊聊生活中的興趣、他關心什麼議題、在乎哪些價值，先建立友好關係，同時慢慢了解到不同夥伴的特質與動機。有的夥伴剛有孩子、有的喜歡變化挑戰，如果未來有出差的任務，也許盡量安排給喜歡挑戰的夥伴，而非渴望穩定照顧家庭的員工。這些都是需要靠平常大量的觀察與溝通，累積你對夥伴們的認識，才能成為他們的伯樂，進而看見他們的好、運用他們的好。

職場一路走來，你是累積一身的成功經驗，才得以造就優秀的自己，該如何把這些成功模式有效傳授給你的團隊夥伴，是身為教練的角色需要做的。

體壇是最常聽到或看到教練的地方，在賽場上我們常看到教練坐在場外觀察整體局勢，適時喊出暫停，給予球員明確的指示及建議，擬定出各種能扭轉情勢的戰術。這些教練的球技不見得比球員好，但球員們都會願意採納教練的建議，因為教練靠的不是職位或權力的主從關係，而是能針對球員的個別差異，提出對球員有幫助的建議。他們談數據、實證、理論，而非單靠自身的假想或喜好來給予方針，思考的是如何幫助球隊獲勝，而非追求自己的免責。

同樣地，你的成功經驗也許不見得是真理，能力也不見得是團隊中最強的，但你之所以能成為主管，表示你的成功經驗在這個團隊是適用的。成為夥伴的伯樂，辨識特長後給予建設性的回饋建議，不是要糾正對方的錯，而是分享你的對，幫助夥伴成為更好的自己，不只Do things right，更能Do the right thing。

然而對於剛晉升不久的你來說，對公司策略方向跟制度規範也許還不甚熟悉，這時候你能夠跟夥伴一起討論工作流程上的問題，以及有哪些可能的解套措施，當員工跟你回報任務進度時，可以表現多一點的好奇，了解他的執行方式與思考觀點。成為分析師的角色，能夠幫助團隊分析癥結點與優化點，協助夥伴針對當前的選擇、行為及人際關係分析利弊，以補足其盲點。

恰巧地，假如你跟夥伴之間是好朋友的關係，那麼你能夠提供他最好的幫助，不就是為他分析職涯利弊嗎？若你能以分析師的角色，與職場上的好友對話，我相信你們一定能邁入一個更高層次的關係：亦師亦友。

最後來談談啦啦隊這個角色。啦啦隊通常不是在最後達標時，才出現吶喊歡呼，而是在團隊努力過程中就會陪伴與激勵。每個人都希望被肯定、希望獲得成就感，但別只是誇獎「你好棒、你好厲害」，而是能夠明確指出他哪裡好，讓夥伴知道你關心他付出努力的過程，而非僅僅關切達標的結果。

此外，透過分享你的成功故事，也能夠讓夥伴們了解到公司是願意肯定員工的付出與價值，而身為主管的你，本來也不是最好的，但經歷了哪些努力才走到今天。激勵不是非得要提供物質上的滿足，能夠帶動團隊的成長思維與建立正向期待，才能奠定由內而外的長期動能。

記得我從瑞士飯店管理學校畢業後，急著想證明自己的能力，幾乎是全年無休地工作著，休假日也自願上班，在短時間內快速晉升到了經理的位置，那年我二十四歲。當時的我根本不懂該怎麼當主管，只知道自己的工作職掌跟職權，不懂主管的角色需要調配、該如何帶領團隊、要怎麼指導回饋，更別提正向激勵夥伴了，所以我跌了一大跤。

我為公司創造了絕佳的績效，然而卻跟各部門皆處於敵對狀態，與自己內部的夥伴僅僅樹立上下威權關係，歷經幾年的拉扯與煎熬，我的離職為這段失敗的領導劃下句點。

花了點時間進修與調整，我理出了前面提到身為主管的四種角色，在之後擔任領導者的過程，才能創造部門零離職率的成果。當然，這段過程是需要不斷地溝通與練習，沒有人天生就懂得如何帶人帶心，就像是人們也都是當了爸媽後，才開始學著如何成為父母。我們在這條職涯道路上，需要抱持著滾動式成長的思維來不斷優化自己，即便是嘗試失敗，也絕對能從中學習方法，讓下次做對。

這四個角色都很重要，不能只有扮演好一種，而是要發揮「悖論式領導」（Paradoxical Leadership）的精神，有時候在前方揮旗領導，有時則需要在後方成為應援。然而能夠串連全部靈魂的，就是「啦啦隊」的角色了。我們不能只是以獎金作為驅使行為的動力，而是需要更多的情感連結以及更多的扶持鼓勵，除了教導他們如何把事情做對，還要使夥伴能看見自己的進展、慶祝他們的成長、鼓勵他們的嘗試，讓團隊看見自己的價值。當然，我們也要成為自己的啦啦隊，肯定自己一路走到今天的累積，唯有清晰地認清自己所扮演的角色，才不會過分地放大或貶低自己的價值。

在工作的過程中，隨著時間淬鍊一定會有所成長，但這個茁壯的責任在於自己，而不是企業，是我們對自己的期許，為了讓自己成為更好的人而投入。美國華盛頓大學心理系教授約翰·高特曼說：「每天每一個小能量的累積，遠比偶爾才做的大事情，來得更重要。」沒有成功是一蹴可幾的，也許你會感到徬徨，但只要你願意開始嘗試，每一小步都會是一種前進，因為今天的成功是來自於昨天的累積，而明天的成功則仰賴你今天的努力。

原本的同儕變成了下屬，原本的好關係要怎麼維繫？

小芳在人資部門了解升職後的新職掌內容與福利條件，原本應該是充滿期待的對談，但在對談過程中，小芳卻顯得悶悶不樂。

人資：「小芳，恭喜妳晉升了，但是妳似乎看起來好像有點憂慮？」

小芳嘆了口氣回答：「被你看出來啦～其實我對於升職這件事情很擔憂，總覺得不是每個人都贊同這樣的結果，如果不能服眾的話，我該怎麼帶得動大家？或是碰到有必要指正錯誤的時候，也害怕原本跟我關係不錯的同事會漸行漸遠……」

根據我擔任主管、人資到企業顧問的多年經驗發現，其實每位上司在選擇晉升人選時，評斷的依據不只是專業能力上的表現，更多考量的，是他在同部門及跨部門之間的人際關係，是否能做到基本層面的「人合」，也就是在每一次的應對協商中，得以盡量做到「無傷」的能力，且能夠達到合作共好的目的。

曾經某企業主跟我分享：「我們公司有一位副理小金，他三不五時就來為自己爭取更高的職位。老實說，他的能力也不差，但同部門的人都覺得他處處帶刺，別的部門也覺得他每次都找架吵，大概有八成的人給予他負面的評價，說他脾氣很大，不知道該怎麼跟他共事。這部分我跟小金談過很多次了，可是他就說自己是求好心切啊！所以我現在也只能緩處理，看他有沒有機會轉變。」

小金的能力或許足以勝任更高職位的挑戰，然而抱持著唯我獨尊的心態，缺乏了團隊協作的觀念，便在無形中樹立了許多敵人，也讓他的升遷之路格外辛苦。上司如果真的拔擢了他，反而可能造成人員流動率變高、部門之間的衝突加劇，這堆爛攤子不也是上司要去善後嗎？所以老闆才會對於小金的升遷有所遲疑。

既然公司會評估你是否具備人合的條件，來作為升職評比，那麼很少會有一個人的晉升，是被所有人否定的。因此，當上司選擇拔擢你的時候，請先肯定自己，表示你的工作能力與人際手腕是被認同的。

你可能會問：「可是還是有負面的聲浪存在啊！」這就像公布競賽成績一樣，一定是幾家歡樂幾家愁，即便是多數人支持的狀態下，還是會存在少數不認同你的人，這是正常的。人有時候會處於一個想要扭轉情勢的傻勁，花比較少的時間經營那些關心自己的人，而花更多的時間關注在那些不理解自己的人身上。

我們工作不是來交朋友的，倘若能夠找到幾個知心的夥伴，將會是一個額外的獲得。同樣地，主管存在的意義也不是要讓員工喜歡，當你一味地去委屈討好、請客吃飯、幫忙加班，但是在工作上沒能幫助到夥伴成長，反而更有可能被瞧不起。

與其糾結於無法改變他人觀點的漩渦，倒不如思考具體要如何幫助團隊更輕易地達成目標吧！一個好的領導者，是能夠協助夥伴解決問題、成為承上啟下的溝通橋梁，更是協助改善流程、刻劃戰術的教練。發揮你的正向影響力，做到讓那些原本不完全認同你的人，至少信服你的工作能力，才有機會降低質疑的聲音。

再來，那些原本是好朋友關係的同儕，隨著你晉升之後，立場也會出現微妙的變化。你可能會擔心要如何交辦任務？思量碰到需要對方改正的地方該如何給予回饋？

我跟太太一起創業，幾乎二十四小時都在一塊兒，既是同事、也是夫妻。有時候下了班還是會談公事，上班的時候偶爾也會穿插私領域的對話，這時候只要角色一混亂，就很容易會產生摩擦。

溝通的時候必須正確地標明角色定位，讓對方能夠清楚地轉換是很重要的。你可以嘗試這麼說：「小陳，我知道我們私下關係不錯，但我現在希望以主管的身分跟你談論公事。針對這幾次客戶的回饋，需要你做出行為上的調整……」除了標明角色之外，談論的口吻也需要達到相輔相成的作用，私底下的口氣可以是輕鬆揶揄的，然而在談論正經事的時候，必須具備堅定且沉穩的態度，讓夥伴理解你對於這件事情的重視，也希望對方給予同樣的正視。

倘若你給予的是建設性的回饋，你是在分享該怎麼做才對，且建議調整的行為都是對他有利的，而不是單純的主觀意見，於公於私，你都是站在希望他可以更好的立場，並非針對性地批評，那麼他也會比較願意理解採納。

有些主管擔心給予回饋指正的時候過於嚴肅，會影響到彼此之間的關係，便選擇在喝咖啡或用餐的時候來回饋檢討，但這種做法有極高比例，會導致一著不慎、滿盤皆輸的局面，不但沒能好好地享受朋友之間的休閒時光，也沒能確保對方接收且理解他需要改正的資訊。

小林跟小詹、小孟是無話不談的好朋友，在同一間企業工作超過三年。小林在近期升職了，剛好碰到新冠病毒疫情的影響期間，發現公司在營運上出現了許多困難。

小詹抱怨道：「公司真的很不夠意思，怎麼可以因為分流工作就要我們減薪呢？好歹我們過去為公司打拚這麼久，肯定也幫老闆賺不少錢吧！現在碰到疫情，說砍薪就砍薪，太不合情理了。」

接著小孟也說：「不只這樣，來上班也是暴露在危險當中，我們都還沒打疫苗耶！這樣被感染到的話，公司要負責嗎？」

小林聽完兩位好朋友的抱怨，內心想：「我真不知道該同仇敵愾地跟他們一起罵，還是跟他們解釋公司現在碰到的狀況啊？其實老闆每個月都在燒錢，為了不要裁員、為了要發薪，一直想方設法籌錢，但我講了這些，他們會不會說我胳臂向外彎……」

有些人說，當主管會換了職位就換了腦袋，我認為這是需要的。當你升遷後，高度本就該隨之提升，也許當初你們還是同儕時，能夠站在同一陣線，但現在的視野不同了，看見的不再是一棵樹，而是一整片的森林。身為主管，有時候要學會「看透但不說破」，就小林的案例來說，不論是跟小詹、小孟說明公司的立場，或是要大夥兒共體時艱，都不見得是能被接受的，畢竟對方還沒到這個層級，思考的觀點是不會一樣的。就像你不會跟小學生談論大學選科系一樣，這都是言之過早的問題。

當你聽到員工的抱怨，可以分析這是單純倒垃圾的抱怨，還是有具體需要主管協助的地方？你只要針對那些明確可以在工作流程與計畫中優化的內容，做出行動就好，至於面對那些純粹性的訴苦，只要做到傾聽與接收即可，你不用一定得表示接受或認同，卻能夠讓夥伴感覺到你在乎，你聽到了他們的心聲與感受。

管理大師彼得．杜拉克（Peter F. Drucker）曾經說過：「領導者不是透過結交朋友而影響他人，那叫做奉承；領導力是能夠提升人的視野與表現水準，打造夥伴超越限制的人格。」別擔心你與同儕之間的關係，會因為自己的升職受到影響，也別擔心那些不完全認同你的負面聲音，只要盡自己所能地發揮你的正向影響力，因為一個好的主管不是非得要事事和氣，而是需要具備能夠從「利他」角度出發的底氣。

員工在背後講我壞話，如何面對這些流言蜚語？

小貞無意間在茶水間門口聽到，幾個部門員工在品頭論足地談論著她……

「你們知道嗎？小貞她會這麼快爬到這個位子，應該是去年她拿到一個很大筆的訂單，而且那個客戶跟她的關係匪淺哩！」員工A說道。

員工B驚訝地回覆：「真的假的，難怪我聽說她就是靠外貌不是靠實力的人，搞不好她跟老闆也有什麼不可告人的秘密。」

聽到這裡，小貞緊握手上的杯子，氣到想衝進去捍衛自己的清白，但是稍微冷靜之後，她知道解釋也不見得有辦法消弭這樣的八卦，但內心還是感到相當地無奈……

人是群居的動物，聚在一起交流交談的過程當中，往往會討論熟識的人、共同經歷的事或是分享類似的經驗。譬如跟家人之間會談論鄰居、親友、死黨的聚會，甚至會談論那個不在場的好友；而在公司內，便會談論客戶、同事或上司。

這些話題的內容，夾雜著各種情緒與個人觀點，以至於真假參半的渲染，讓身為話題主角的你，感到特別難受吧？你認為劇情很誇張，想為自己發聲澄清、想捍衛自己的清白，但是偏偏源頭卻很難追溯，懷著一種對質也不是、解釋也不清的苦楚。日子久了，甚至會被這些錯誤解讀而產生自我懷疑，落入了「冒牌者症候群」（Imposter Syndrome）的泥淖中，否定自己的人格跟專業。

不論這些閒話的起源到底是惡意造謠，還是帶著期待的回饋，流言蜚語是一定都會發生的。我們無法避免自己被強拉進入別人的話題之中，唯一能夠做的，就是學習分析與自處。

首先，你可以問問自己，這件事情的內容是不是真的？

人們會因為1%懷疑，選擇相信99%的猜測。傳話者不見得會去釐清事情的真實性，也不能保證接收到的資訊是否正確，然而當他們有了一絲絲的懷疑，便有極大可能會腦補其他的觀點，綜合成一個他們認知下的情節，甚至有時候還會隨著參與傳話的人越多，出現了更多不同版本的內容。

回想起我在新加坡、馬來西亞與台灣的工作經驗，我總是相當快速地獲得上司賞識而短時間內晉升，公司內部都會在背地裡傳言我是駙馬爺，才會這麼快被拔擢。起初聽到這類的閒話，我是瞠目結舌地感到無比荒唐，也不下多次想要為自己澄清，但是難道我可以請老闆出面證實什麼嗎？面對非事實的謠言，解釋也無法消弭或改變任何事情，那表示我只能選擇等待，讓時間有機會去證明這一切。果不其然，在幾個月後老闆帶女兒來公司，發現原來只是國小的孩子而已，謠言便不攻自破了。

面對非事實的謠言，你選擇放下或等待，那倘若你發現對方講的有「部分」是事實呢？好比說以前我的員工說我脾氣不好、很愛訓人，當然我不會沒來由地發飆，通常是員工重複犯錯的狀況下，身為主管的我會用比較情緒化的方式表示求好心切。然而，針對員工犯錯的指導回饋，我的確有可以調整的地方，以客觀表達取代情緒表演，因此這個批評便是有參考價值的。

曾經有一位講師對於我的課程評語是：授課內容很好，但簡報美感不足。面對這樣的評論，與其選擇忿然作色，我把它內化成為更好的養分，思考簡報製作能如何更吸睛？排版怎麼規劃能更容易被理解？至今我都保持每年進化簡報製作的習慣，確保版型設計的呈現是能夠合適當時需求的。

當你把這些負面評語轉化成讓自己更好的參考，分析一下這個評論的出發點是為了傷害你，抑或對你帶有期待？你有絕對的主宰權，決定讓他成為你生命中的貴人或小人。

那些在你背後議論的小人，之所以只能走在你的後面，不是沒有原因的。他們自命不凡，但實際能力卻不然，只能藉由批評詆毀他人，來證明自己較為優越的存在，懷抱著妒忌的惡意心態，唱著不盡事實的言論，用高標為別人冠上準則的枷鎖，自己卻不見得做得到。

另外一種則是貴人，他們的評論也許鋒利帶刺，但你卻可以從中看見良善的立意，比方說父母就是這樣的一個角色。在你領到第一份升職後的薪水時，父母的關心可能變成操心，他們會說：「蛤？你做到要死要活才這點薪水？那幹嘛當主管？」一語出酸言的目的，是覺得自己的孩子被虧待了。愛的反面不是恨，而是冷漠。試想，你們家隔壁的鄰居，可能不會這麼關切你的成績、成就，更不會因為你受委屈而打抱不平。

同樣地，員工在背後說主管壞話，有的出發點是惡意中傷，有的是帶著期待渴望。那些在乎你的人，談論的多數是事實，且評語之中有幫助自己可以更好的層面；反觀那些孱弱的人，談論的內容多半妄言妄聽，又或者內容完全沒有建設性涵養。

小魏是一家科技公司的老闆，在一次與他的顧問諮詢會議中得知，他對於內部的兩位高階經理人感到頭疼，這兩位經理人對於公司從上到下總有許多想法跟不滿，讓小魏在會議當中常常處於騎虎難下的窘境。小倩以情緒化字眼批評老闆，作決策的力道不夠快狠準，所以常會錯過市場切入點的最佳機會；小翰則是常抱怨公司福利不夠好、薪資不夠高、員工不聰明、客戶不好搞。

之後某次見面時我問道：「小魏，你如何看待這件事情呢？」

小魏帶著微笑說道：「我知道兩位經理都在背後說我不是，一開始聽到也很不高興，甚至有種豁出去直接把兩個人都Fire掉的衝動。但是我冷靜思考了之後發現，小倩是屬於貴人型的抱怨，所談言論是為了公司大局的角度出發，反之小翰則是小人型抱怨，他的流言蜚語會搞得整個團隊烏煙瘴氣。」

我點點頭回覆：「幸好你有沉著地分析過，那你之後是怎麼處理的呢？」

小魏繼續說道：「如果今天員工的能力是公司必須仰賴的，現階段具有不可取代性，那麼在背後講壞話，我會選擇暫時視而不見，就事論事地要求他把分內任務完成，但我會有計畫地、漸進式地找尋替代者。但如果員工的能力不足累死三軍，還影響團隊士氣，他的存在就像是癌細胞擴散一樣，就必須立刻剷除。」

陽進升君子，陰消退小人，你如何應對負面批評，將形塑你身處的環境氛圍。哪些是成長養分、哪些又是蜚短流長，是你能夠去分析判斷的，但絕對別讓這背後射來的冷箭刺穿你的心，你的價值不是靠那些不認同的人撐起，志在登上高峰的過程，實在無須眷戀沿途的某個腳印。

如何面對上司能力不足、累死三軍的狀況？

小華跟小董抱怨：「跟你說喔，我主管超級誇張的，部門大小事他都不管，說什麼因為我能力好，就都丟給我去做，這樣很不合理吧！」

小董拍拍小華的肩膀說：「辛苦你了，你主管這樣會不會是出於信任，才什麼都放手交給你去辦？」

小華翻了白眼回覆：「那是偷懶的藉口罷了！他的能力根本就不足以坐在那個位子，搞不好我都能做得比他稱職。」

有沒有發現到一種情況，我們看體育賽事的時候，當看到球員沒能掌握最關鍵的一分，就會哀嘆：「哎呀～如果是我的話，我就會這樣打、然後那樣攻，絕對不會像他這樣失分啦！」之所以會這麼憤慨，是因為你對於這個球員或球隊，抱持著期望獲勝的心，然而當結果不如預期時，就會有種期待落差的失望感。

場景轉換到職場上，我們則是會埋怨主管判斷失利、決策失敗或能力不足，用自己的期待標準，來為對方貼上你主觀認知的標籤。其實，沒有一個主管是無能的，只是他的存在不見得符合你的需求。

在我曾經工作的某間飯店，員工們常抱怨前檯經理能力不足。「安哥，我真不知道他為什麼可以當經理耶……他的 Check-In 速度沒我們快，有時候還要顧客等很久、排房會搞錯重要順序，甚至會把髒的房間釋出、對於館內設施的了解也不夠透徹，還要來問我們，他到底是怎麼爬到這個位子的啊？」

的確，比起每天重複職務內容的我們，主管的熟稔度也許望塵莫及。有的員工擅長勞基法條，但人資主管懂得剖析公司發展所需要的人才布局；有的員工精通機台操作與修繕，但工廠老闆能夠運用人脈找到天使投資者。依我多年的觀察，企業遴選晉升主管時，通常不會選擇鋒芒畢露的人，而是偏好鴨子划水的人選，主要是評估企業的長遠性來作人才布局，思考這位主管的各項條件特長，在未來三到五年間對於組織有哪些層面的助益。而這位前檯經理之所以獲得上司拔擢，就是因為他非常懂得與跨集團的飯店協商溝通，而且跟媒體公關的應對更是八面玲瓏，這些特長或許不是直接性地幫助到部門運作，卻是公司所需要的得力人才。

好吧，那如果你的上司是鴨子划水，表面上很難讓你看得出他的能耐，身為下屬的你該怎麼辦？其實，看見將帥的不足，不見得是壞事，反倒是一個贏得信任的機會。他的弱點剛好是你的強項，而你的存在能夠補足主管的缺憾，我相信你的上司在與更高層的相處也同樣，他不斷地接住了老闆的目標跟任務，並且竭盡所能地實踐它。一間公司就像大夥兒同處在一艘前往同一個目的地的船上，身為水手的船員，無法理解大副對於船長的重要性，任何沒掌握全局的抱怨，都有極大的機會讓自己成為Boss-Hater。

一個人的晉升，不是取決下面的人多支持你，而是取決於上面的人多信任你。跟你的直屬上司建立信任關係，從他對於你的專業能力得以「相信」且「委任」開始。

你可能會認為：「這樣不是會很累嗎？」

被信任而委任的關係，絕對遠比被質疑而做白工來得好。倘若你做任何專案都被綁手綁腳，主管對你施行微管理辦法，要求每天報告日程進度，又或者聽完你的提案還要問別人意見，再藉此否決你，像這類的不信任行為，肯定讓你更心力交瘁吧！

你的專業能力，是使你能夠進入職場的門票，能力被上司重用得以發揮，才能有發光的機會。

然而，我並不是說只要擁有無可匹敵的專業度，就表示你絕對能獲得伯樂賞識，這其中還需要「信賴」作為主管與你之間的酵素，它是一種「相信」且「依賴」的關係，比信任關係具備更深一層的意義。

一位夥伴小庭私訊發問：「我跟上司的關係，像是隔著一道隱形的牆，讓我萬分不解的是，明明我都願意任主管使用我的能力，也願意把光環給他，但是為什麼在每次的溝通過程中，他總是抱持誤解存疑的態度？我的提案他總是不採納，卻也不明確跟我說哪裡不夠好，難道他在提防我功高震主嗎？那他真的多慮了，我從來沒有想要坐他的位子啊！」

我這麼回覆小庭：「在職場上，我們都希望能碰到一位有知遇之恩的上司，但是這段關係之所以如此精力耗損，會不會因為我們僅專注於任務本身，卻忽略了工作以外的交流？連偶爾共餐或寒暄關懷都省去，對主管的決策依據也沒有進一步的了解，甚至溝通時抱持著猜疑與不透明，讓彼此的信賴關係不夠堅固，反而無形之中還會影響到公領域的專業判斷呢！」

不過我的意思絕非要你狗腿拍馬屁，認為上司永遠是對的，而是在公領域的專業支援外，加上一點私領域的真誠交流，從好的「人緣」開始累積，與每段關係創造「人合」的合作共好，才能在職場上奠定好的「人脈」網絡，這部分我們在稍後「成為主管後想創造職場好人緣，是不是天方夜譚？」的內容會有更進一步的著墨。

人際關係學大師卡內基（Dale Carnegie）曾說：「成功來自於85％的人際關係，以及15％的專業知識。」除了讓你的15％補足上司的不足之外，在職場上建立好的人際關係，遊刃有餘且應對得宜，才能為自己的職涯開啟一條康莊大道。

升職後，發現主管職跟自己想的不一樣，有些後悔怎麼辦？

小城是一家科技公司的小主管，過去擔任資深工程師已經五年。期間，公司多次想要拔擢他，但他都興趣缺缺。去年他的孩子出生，為了想要擁有更高的薪資便點頭答應了，升職至今快一年，卻是滿滿的後悔。

「早知道我就婉拒升職了，當主管一樣要加班，還不能領加班費，而且還要盯所有人的進程、排解員工的情緒、承擔跟上頭開會的壓力。真後悔當主管，回想當員工的時候還樂得輕鬆……」

在我們生活中，有許多東西不見得跟自己想的一樣，工作過程也是一樣。

有沒有碰過以下類似情境：你看到一間有海景的房子，想像自己在陽台看著夕陽喝咖啡，認為終於買到了夢想中的家，結果搬進去之後卻鮮少有這個閒情逸致，甚至會埋怨西曬很熱，跟原本想像的不一樣。

這呼應到心理學中所說的「確認偏誤」，人們往往會選擇性或帶有偏見地認定事情，導致無法看見事情真正的全貌。我們在面對許多事情，有時候會把它想得太好或太糟，真正走了一遭後才會發現，事情往往跟想像的有落差。

以前面提到買房的情境案例來說，當你體悟到的真實與想像中有所不同時，難道你會立刻把房子賣了嗎？若買了下一個房子，難道不會有新的偏誤發生嗎？以工作上的例子來說，當你對於一個職務或工作期待不一樣時，換個公司或乾脆轉職，難道就會盡如人意嗎？

多數人發現主管職跟自己想的不一樣，主要來自於對於主管職的認知差異，誤以為爬越高就能越輕鬆、可以指派員工做事情、擁有更多的資源，卻忽略了這個角色同時需要背負著更大的責任。從我們剛踏入職場時，多數新人處於「被照顧者」的角色，公司會給予培訓與指導，幫助你融入與上手；工作一段時間會進入「自足者」階段，被賦予需要達成的目標績效，但過程中仍會持續被引導培養；在晉升成為主管後，則需要成為「照顧者」的立場，不再是顧好自己而已，更要照顧到團隊。

在經歷這些角色的轉換過程中，難免會感到不舒服，因為許多人都是晉升了才開始學習怎麼當主管，不論是領導能力與特質，抑或是待人處事的眉角，都還沒有非常到位，所以總會產生莫名的慌亂與焦慮。這些感受都是正常的，但請別輕易地選擇逃走或放棄，有的人當一次主管嚇到了，就認為自己這輩子都不適合這個職務，這是很可惜的。或許你只是需要給自己多一點的時間去消化與準備，慢慢將經歷淬鍊成經驗。

在人生的過程中，走到「照顧者」是必經的一條路。不論是要開始獨當一面地在外租屋買房、成家後開始考慮另一半與孩子，父母年邁了更需要擔起安頓照料的責任。當被生活強迫成為領導者、照顧者，很容易被壓得喘不過氣，反而應該從工作中開始練習從被照顧者、自足者、照顧者的階段逐步成長，再經過對等的投射應用後，讓你的工作職位成為幫助生活成長的養分。

如果你努力嘗試了仍然失敗，也沒有關係。當初對於主管職的美好想像，唯有真正走過一遭，才會知道自己不是喊水能結凍，也沒有無限資源的超能力。然而迷路跟沒有目標是不一樣的，當你認清自己距離「照顧者」還有多少的差距，允許自己退一步回到舒適的位置，就能重新累積能量來補足這個gap，為下一次的挑戰而籌備。

的確，擔任主管職的薪資福利比退一步來得好，但長期做一個你不擅長的工作，很難有時間好好學習與補強，長期讓自己沉浸在煎熬當中，想必工作表現也會差強人意。公司面對如此不上不下的表現，相信也不會讓這樣的主管持續晉升，最終讓自己落入職場裡面不願見到的「彼得原理」，在一個無法勝任的職位上成為冗員。

我的第一份工作是在飯店當實習生，當時看見公司有許多流程制度上的不足，年輕氣盛的我便跟上司提出自己的想法，分享在瑞士學到的標準應該長怎樣。主管好聲好氣地對我說：「小安，你說的理想是美好的憧憬，但是在組織裡面是牽一髮而動全身的關係，每一項制度的調整都要有更多的思量。」你認為當時的我聽得進去嗎？當然不。我認為是上層不夠力，等自己當上了主管後，就能夠有充分的能量跟資源來整頓一切。

因此我非常地努力，每天工作十六小時，三百六十五天全年無休，自主學習各種管理知識、財報、企劃等技能，我二十三歲時，就站上經理人的位置。我開始大刀闊斧地改革與執行，雖然的確為公司帶來相當亮眼的績效，然而為了捍衛自身部門的權益，我處處衝撞各部門、對部屬進行軍事化的管理。像刺蝟般的我終究在主管職上跌了一大跤，年度主管評鑑的成績，我是墊底的那位，同時間我也因為過大的壓力造成腦壓過高，身體出了狀況。

「我以為當上了主管，就能夠實現理想中的飯店運營；我以為有了職權，就能用最多的資源改變更多的事情；我以為員工可以理解我對他們的要求是出於善意……原來主管這個職位跟我想像中的不同啊！」經過幾番思考，我知道自己還沒能在這個職位上站穩，與其繼續傷害團隊、傷害自己，我選擇退一步重新累積。

但是我並沒有因為這樣的失敗經驗，而全盤否定自己的能耐，並沒有因此而恐懼主管職，反而是把它當作檢視自己的能力值的好機會，這其中也包含領導技能與人際關係。走過的一切都可以是經驗的學習，經歷過了才知道：「成熟，是懂得跟你不喜歡的人事物和平相處。」與其以強硬的態度手段來表明自己的立場跟觀點，領導者更需要照顧到整體大局的「無傷」。

在我後來成為集團的培訓主管時，便締造了幾年的部門零離職率的成績，因為我明白「夥伴」才是主管存在的意義。當然，這是我這一路走來的體悟，每個人對於主管職的定位與認知會有所不同，但你需要定義出屬於你自己的價值，而不單單追求外顯的福利、頭銜與權力。

別害怕前進一步會失敗，也別害怕後退一步的重來。有時候，走在蜿蜒的路上所看到的風景，遠比埋頭直線前進來得有趣多了！

當主管久了，該如何調適自我懷疑或倦怠期？

小泡是一位科技公司的主管，他與我分享最近的工作狀況。「這是我大學畢業後的第一份工作，做到現在也已經十四個年頭。所有的事務都很熟悉，做得也不差，但是現在每天早上起來，我卻都會摸摸自己的頭，看有沒有不舒服？要不要請病假？根本沒有動力去上班。」

我問他：「那你討厭這份工作嗎？」

小泡回答：「我並不討厭這份工作，或許日復一日做同樣的事情，覺得有點疲乏跟倦怠吧！想要做點什麼突破，但又不知道從何開始。」

職場上多數主管其實都有經歷這樣的心路歷程，只是來得早或晚，又或者是否有及時做到良好的調適，讓這兩種心境得以迅速緩解。一般來說，當主管會碰到自我懷疑的狀況，通常發生在職涯前端，而倦怠期則會發生在中後期階段。

在職涯前端產生自我懷疑大致上有兩種原因，一種是無法達標，另一種是看不見進展。

無法達標並非單指達不到績效目標，還包含了無法滿足他人的期望，處於一種持續被否定或嫌棄的感受；然而這並不是你缺乏能力，而是你不知道該怎麼使力。

有的主管晉升後，為了要證明自己的能力，不斷地埋首衝刺業績，卻不知道上司看重你的是統籌領導的能力，希望你幫助團隊成員都能達到最佳產能。呼應到我們在第一章有談到晉升成主管後的無所適從，某種程度也是自我懷疑的狀態，因為公司不見得有告知你升遷的原因，而你也不曾與上司溝通過彼此的目標期待，導致你和自己所扮演的角色一直無法劃上等號，最終便很容易落入自我懷疑的心境。

另外一種則是表現一直都不錯，但卻感覺自己像小倉鼠在滾輪中無限循環地跑著，看不見盡頭也看不到進展，時間久了就開始懷疑自己在工作上的價值。這就好比你每個月都領到薪酬，也有持續在存錢，但是你不曾去查帳或刷本子，茫然感便會油然而生，因為你不知道自己到底累積了多少。

為了避免自我懷疑，我會建議在晉升主管時要為自己規劃九十天的成長計畫。對於新職務的上手，有哪些技能是需要養成或補足的？舉凡財報製作、績效面談、目標設定、商圈分析、系統操作、專業證照等，甚至包含人際的建立，有哪些跨部門的 key person 需要打好關係、能否主動請益上司對於你的職務表現期望。為自己刻劃一張成長地圖，讓 check list 幫助你看見自己每一步的累積與進度，把每個點串起來成為線。

看到這裡你可能會問：「但我不是剛晉升，卻處於自我懷疑狀態，還來得及為自己設立九十天的成長計畫嗎？」當然！成長永遠是不嫌晚的，不論你在職涯的哪個階段，我都會建議你在生活上或工作上，為自己設立學習目標。「進展」對於人而言是相當重要的心理需求元素，倘若你只是選擇站在原地，重複做著同樣的事情，沒有任何突破目標與斬獲，通常產生倦怠期的機率也會增加。

二〇一九年世界衛生組織正式將「職業倦怠」列入國際疾病分類中的職業現象（ICD-11）。倦怠並非表示一個人是懶散怠惰的，反而是已經投入很多的努力，把事情做到很熟稔順暢，但因為長期累積下來的負擔沒有獲得良好的調適，導致身心枯竭，讓自己處於精神性辭職的狀態，最終就會陷入連平常做起來得心應手的事，都失去執行能力的無助感中，甚至有可能會擴大影響到生活，任何令人開心的事情都變得索然無味。

首先，對於感到職業倦怠的你，我想請你先給予自己肯定，你的職涯能夠走到今天的成績，一定投入了很多的心力。

除了前面提到的成長目標與看見進展，可以幫助降低倦怠感的發生，我會建議用以下三種方法來作出調整：

第一：重新定位你的角色。當你工作時長期都在「取捨」，總是在權衡需要放棄一些什麼來獲得一些什麼，又或者一直思考自己能夠獲得什麼，所以才要付出什麼，那麼就會被自己的經驗所框架，因為所有的行為產出都是基於可控的交換前提下發生，久了自然就會產生厭倦。

若你的角色調整為「捨得」，當你認為這個事情長遠來看，對企業、團隊與夥伴是好的而去執行，即便不一定能得到顯著或是立即性的回收，你也願意投入嘗試，那麼這樣有計畫的捨得，將會是一種有意義的累積。比方說投入員工教育訓練、規劃部屬職涯發展、透過數位科技的導入幫助效能提升、流程重建幫助溝通透明化……等，這些事物的投入，都是實現「質變」而非「量變」的長期性目標，也是能幫助你突破職涯倦怠的能量。因為你開始思考的不只是把事情做好，而是要選擇做好的事情，你的角色定位將重塑存在的價值。

第二：培養你的接班人。請開始有計畫性地培養左右手，培養的細節方法我們將在PART3來詳談。或許你會擔心傳授與指導的過程中會吃力不討好、擔心被取代，甚至煩惱悉心培育的接班人之後會不會離職，但其實你真正該擔憂的是，把未經培育的他留在你的身邊，狀況反而更糟糕吧！

倦怠感有一部分是被自己的經驗所框架住了，若你願意重新梳理自己的成功模組，在傳授的過程中可以重新拆解知識經驗，將會產生新的動能。此外，聽聽看成員對於同一件事情的看法與做法，你將可以聽見不一樣的觀點與聲音，跳脫原有習慣，拓展視野並發現新的可能。

第三：針對下一個職務去準備。如果真的在嘗試上述方法後，你依舊對於現在的位置感到興趣缺缺，與其被動等待新的機會，你可以主動開始籌劃自己的下一步，為自己開創不一樣的可能。不論是跨產業、跨領域，或是斜槓多棲，都需要在事前有所準備，而當你真正進入了新的職務後，自我懷疑的感受也比較不容易生成，因為你知道自己在前面的階段作了多少策劃與努力，看得見進展與目標；你知道自己突破了過去的框架，看得見未來有更多的潛能。

美國有一句諺語：「A change is as good as a rest.」，意思是改變了你的現有狀況，不論是有新的計畫、心態、角色或職務，都會讓你的身心跟休息一樣，獲得新的能量與精力。如果你對於現況感到疲乏，那就起身作些改變吧！

成為主管後想創造職場好人緣，是不是天方夜譚？

「我原本對職場的想像，是能不斷地在接受挑戰過程中表現最好的自己，但好像很難同時間照顧到人際關係的維繫耶……」剛晉升的初階主管小勇提到。

前輩小段笑了笑回覆：「你的糾結我也經歷過，原本只要完成被指派的任務就好，跟同事下了班還可以去聚餐；當上了主管之後，不僅要承受來自上頭的壓力，還要一肩扛起員工的成敗，更別提聚餐了，連他們的LINE群組都沒有我在裡面。不過這是需要作好自我調適的，本來換了位子就該換個腦袋，沒有身為主管的高度，做起事來反而會綁手綁腳。」

主管的確不能是能力很強的討厭鬼，只靠專業稱霸，卻堅持有個性地做自己，短期內的確會被企業所青睞，不過技能這種東西很現實，往往是後浪推前浪，很難單靠硬實力縱橫職場。所以，當企業在面對兩個能力相當的人選時，往往會選擇比較懂得做人的那一方，畢竟懂做事者會鋒芒畢露，再加上懂做人，將會深藏不露。

也就是說，具備好人緣是踏入主管職的基本門票，因此，身居管理職位的你，首要該關注的不是該如何創造職場好人緣，能夠站到這個位置上，相信你本身已經擁有相當程度的團隊擁戴度。

同時我認為，主管也必須要能具備「被討厭的勇氣」，畢竟領導者的工作中，難免必須作出一些令人有點不舒服的決策，舉凡對部屬要求業績成效、糾正行為，抑或是跨部門的協商談判、捍衛部門權益等，為了讓團隊行走在正確的道路上，勢必會失去一些原有的人緣。尤其是原本跟你建立革命情感的同事，在你升遷之後必須面對你的領導，在角色轉換之後，彼此之間的關係也會有些許的變化調整，這些都是無可厚非的事。

我會建議成為主管後，能將關注點轉移到人合、人情與人脈的培養，照顧好這三個要素，自然能保持一定水平的人緣，做起事來也能更得心應手。

這邊談到的「人合」之所以不是和氣的「和」，是因為職場上要奠定的並非一團和氣，這個「合」也不是處處迎合，而是共同來把事情做好，以創造組織的成長發展為目標，彼此建立「合作」關係是相當重要的。

如何讓別人願意跟你合作，需要以「互利」的角度來創造被需要感。工作中，最基本的是「必要性合作」，以人資單位來說，公司內各部門都需要招募人才，也會指派員工接受培訓，而人資滿足了這樣的服務條件，而這樣的合作是屬於不得不發生的存在。更進階的則是「共好性合作」，我曾經在某國際飯店工作期間，總經理與前檯主管希望導入高級管家的培訓，來提升高階服務的品質，但是從國外聘請認證講師所費不貲，主管們正在為此而苦惱之際，我想到自己本身具備國際管家的培訓與經歷，便主動提出願意協助前端知識型的課程傳授，後端再加入國外顧問來給予實務分享與授權評測，整體的培訓開銷便可以大幅節省許多，這樣的人合最終創造了三贏的成果，公司控制了成本、前檯人員提升了能力，我本身也累積很棒的教學經驗。

在建立每一段的人合關係過程，都會經歷許多大大小小的專案與任務，多數人第一時間想證明自己的能力，所以一股腦兒地衝刺執行到最後，忽略了需要適度地把光環讓給身旁的參與者。「人情」在這個時候出現了，在跨部協作的時候，不虛偽浮誇地明確道出對方的貢獻以及你的感謝；下屬達成目標時，公開肯定表揚他們的付出，讓夥伴明白你都有看見他們的表現；最不容易拿捏的就是對上司的順水人情了，並非要你展現恭維，而是懂得讓上司在過程中具有參與感、決策感、掌握感，具體標明多虧了他提供的資源與提點，才能讓事情圓滿達成，要學著讓自己贏了裡子，讓主管贏了面子。在奠定職場人情關係時，最關鍵的就是把感謝與功勞分出去，即使你是那個執行最多的人，也願意功成不居地與團隊分享。

前奇異執行長傑克・威爾許（Jack Welch）曾經說過：「在你成為領導者之前，成功就是讓自己成長；當你成為領導者時，成功就是幫助他人成長。」一成為主管重要的不再只是繼續鑽研自身專業能力的發揮，反而需要懂得運用這個職位的機會串起每一段人脈資源。舉個例子來說，一間傳產公司的總經理認為數位轉型是勢在必行的趨勢，在幾次對董事長提建議時卻都觸礁，他巧妙地借用自己在外部的人脈，請了一位轉型策略專家，以他的角度與經驗跟上司分享落實數位轉型成功的企業發展，月暈效應（Halo Effect）在董事長身上產生了參考價值，大大地提升了後續提案的促成。

人脈不是一朝一夕得以產生，需要把握每一次在各式場合及領域下與人的相處，一點一滴地儲存屬於你的「人脈存摺」，在有需要的時候適度提領，作為人情或人合上的交換，甚至能把人脈與人脈之間串連起來，逐步擴大你的人際網路，因為職場不是單單靠一個人硬撐就可以闖蕩，想邁向成功，需要藉助眾人的力量，才能達到加乘的效果。

做主管的我們必須要有外部導師，幫我們用外人的角度分析、思考、判斷人事物的狀況，同時也提供更多的行為選項，在面對困難時，才不會落入困境。這個外部導師，不見得一定是公司之外的，但至少要是部門以外，接收到的資訊跟建議才不會落入同溫層內的狹隘。

初入職場時，關注在培養自身的專業能力是必要的，思考不斷地優化精進與提升技能深度的同時，也需要創造好的人際關係；走到了管理層級時，在人合、人情與人脈的比重就需要投入較多的用心，也許無法做到面面俱到，但需要達到「無傷」的結果。身為主管的你，照顧到這四個面向時，也呼應了蓋洛普（Gallup）的Q12研究，能夠提升團隊夥伴在工作環境中的凝聚氛圍，使員工發揮最大潛能，更能全心投入在交付的任務上，因為領導者的成功，便是來自於每位成員的成功。

針對愛抱怨的員工該怎麼應對？

小白在這間公司的年資大約五年多，嘴上總嚷嚷著要離職，但從沒有真的離開過。許多後輩及新人都多少聽過他分享道：「你這麼年輕怎麼會來這裡？待在這間公司沒有前途的，公司的制度不好，而且升遷機會也渺茫。我是因為錯過了跳槽機會才會繼續在這裡蹲，但你有大把的前程，應該要考慮清楚啊……跟你說這些是為了你好。」

有的同事聽到之後，當小白是茶餘飯後的嚷嚷便帶過；然而也有一些年輕夥伴聽進心坎裡，認為前輩給的應該是中肯的建言，有其他機會便選擇離開。導致公司有一段時間的人員流動率相當不穩定，團隊的士氣也普遍低迷。

公司內部總會有這類抱怨型人格的員工，他們逮到機會就對人發牢騷，不論是對工作或生活上的大小事，都可以是嘀咕的題材。面對這樣的部屬，許多主管會選擇冷處理，甚至不理會，認為過一陣子自然就會平息；殊不知這類抱怨型人格的掠奪者，往往會讓負面氛圍快速蔓延，干擾著想要認真工作的夥伴，也影響到團隊的積極度。抱怨型的掠奪者擅長拉攏陣線，看似為了某個人事物打抱不平，實際上卻成群結黨地掠奪團隊的「人合」與「人和」，身為領導者必須正視與處理，千萬別忽視了人言可畏的影響力。

我從二十三歲開始擔任主管，一開始也認為只要部屬能把事情做好就好，那些抱怨耳語的事情就放任它去，因為每天要照顧的事情太多了，這種雞毛蒜皮的小事不該由我費心。當時的上司是一位瑞士人，他要求我必須好好地釐清抱怨來源與內容，如果是能夠處理的就要面對；如果是不該存在的便要以正視聽。

經過多年的經驗淬鍊，我建議可以嘗試依序投出三好球的方法。

第一個好球是：直球對決。在聽到了抱怨議題後，首先去釐清背後的主因到底是什麼？倘若是沒來由的造謠，必須立即阻止，安排與謠言來源者一對一的員工表現輔導（Performance Improvement Plan）面談，讓他知道這件事情是不允許發生的，並且需要做出行為上的改善。

如果員工是抱怨人力不足、流程不佳、制度不好等公司實際的問題，則可以安排與他共同探討應對策略，讓夥伴參與建議與改善計畫。主管的直球對決便是不逃避員工的提問，讓部屬知道我們聽到了，同時標註現實狀況與理想狀況有差距的可能原因。假設員工抱怨其他同事辦事能力不足，那麼就可以請他具體提出：「若要資遣這位能力不佳的同事，他的工作將由誰來承擔？人力補足計畫又是如何？」請他提出建設性方案，並且為自己的言論負責，而非單純埋怨。

有時候員工是因為一個小癥結點所引起的情緒反應，當主管願意正視回應，通常這樣的情形在第一時間便能獲得緩解。直球對決能展現領導者面對抱怨議題時，能當機立斷且不輕描淡寫的魄力，讓團隊成員知道，自己的所言所行都必須有所依循，可以透過正常管道與上司溝通，以散播負面情緒的方式抒發，反而無助於問題改善。

第二個好球：開誠布公地闢謠。抱怨者擅長用「聽說、好像、應該」的揣測性用詞來造成眾人的不安感，主管這時候便要公開闢謠，讓大家知道實際狀況。舉個例子，在疫情期間某企業員工散播這個消息：「我的一個朋友在某大公司工作，因為疫情的關係先是居家上班，不久就被裁員了。我們公司又沒有人家大，搞不好我們自己也有可能失業，隨時要有轉職的心理準備……」主管若選擇坐視不管，這個雪球將會越滾越大，讓謠言變成假性的真實。因此開誠布公地讓團隊知道公司在疫情期間的因應措施與布局，對於夥伴來說是相當重要的定心丸。

我曾經在馬來西亞擔任ＶＩＰ樓層經理時，就遇到部屬謠傳的狀況。當時我培育小華跟小璺兩位男副手，希望讓他們晉升成為主任，然而在我提出人選建議時，高層僅選擇了小華，另一個人選則是部門內的一位女生小希。這時候小壂開始跟團隊夥伴抱怨：「公司是為了要主張性別跟種族平等，讓主任職的組成是一男一女、一個華人一個馬來人，所以才逼迫晉升一個能力沒那麼好的馬來女生。」夥伴們聽到這樣的說辭，紛紛為小壂感到不平，而聽在小希的耳裡，當然也很不是滋味，甚至流露出一點選邊站、派系之爭的味道。

在我聽到這樣的耳語後，分別跟小壂與小希進行面談。我這麼對小壂說：「我對你做事能力的肯定，相信你是知道的，不然我不會花這麼多時間栽培你。若其他部門有主任職的機會，我會不藏私地舉薦你，即便這意味著我所培養的人才將成為其他部門的戰將，但我更重視你的職涯發展。面對這樣的結果，我能接受你來跟我抱怨，但是我不允許你在背後說閒話，這將會造成團隊的分裂。」

此外我會跟小希說：「公司選擇晉升妳，的確有考量到組織的平衡性，但若只是因為考量國籍或性別，那麼整個公司上下有同樣條件的人太多了，為什麼非是妳不可？之所以選擇妳，正是因為相信妳的潛力，我相信妳的能力足以撐起這個頭銜。」

最終我會公開地闢謠，告訴人家公司晉升人選考量的不只是專業能力，更會評估團隊平衡性，依照不同狀況需求來進行人才布局。這樣的目的並非堵住員工的嘴，而是讓夥伴們知道我們聽到了，會處理能做的部分，有任何擔憂跟不滿，主管是願意一起面對的。

再來是第三個好球：反映在考核成績上。倘若在經歷了第一好球的溝通、第二好球的闢謠，狀況仍持續沒有改善，那麼針對抱怨者的行為，便需要展現在考核成績上。當然，公司的考核機制必須經過刻意的設計調整，不單看績效表現，同時需要衡量部屬之於團隊的協作性與文化適性，這部分我們在PART3會來詳談。

之所以用三階段的好球應對，是一種階段性的改善過程，從口頭警告、書面改善計畫、公開宣告，最終在考績表現上有所作為，明確讓抱怨的掠奪者知道如果沒有作出任何改變，組織就會進行懲處。正如同棒球規則「三好球出局」的概念，當你對同一個員工祭出三好球之後，勢必也該為了確保團隊整體的正向營運，作出必要性的裁決。

領導者不一定能作出最完美的決定，但卻必須懂得作出最適合當下的選擇。當你願意選擇面對這些負面聲音、試著分析背後的真偽，已經跨出最佳的第一步了！

PART 2

鍛鍊好體質

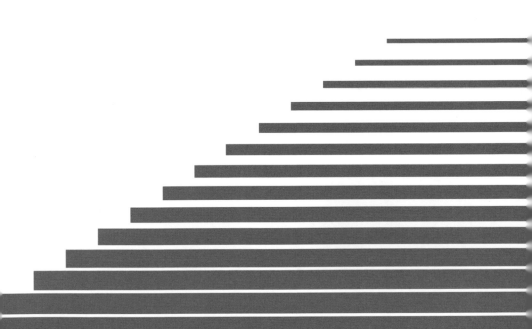

怎麼讓自己不被後浪追趕而淘汰？

小菲是部門主管，某段期間家中有事情而臨時跟公司請了長假，然而有個重要的案子必須在近期完成，便交由部屬小藍去執行。

專案圓滿達成，小菲也回到公司崗位上，在主管會議上，經理對她說道：「太好了，你們部門的小藍真的立了大功，客戶對於這次的企劃相當滿意，甚至認為超越過去的成效，更要求以後都由他作為承攬的專案窗口呢！」

小菲聽到後，內心百感交集，很不是滋味，過往這個專案是屬於她的業務範疇，因為自己臨時請假而轉交給下屬去執行，沒想到部屬的表現似乎青出於藍……

許多主管在幾經波折浪濤後，才走到今天的海闊天空，後輩卻如雨後春筍般地出現，出現了「長江後浪推前浪」的危機感，因此對待下屬總是處處防衛留一手，不敢做到真正的傳承，生怕自己在職場上被淘汰。

其實，技能被後浪趕上是很有可能發生的，舉凡科技、技術、創意、設計等，無不持續地推陳出新，隨著時代演變，技能也會需要與時俱進。想當初我高中的時候便開始摸索簡報製作的軟體，上台報告的時候展露兩手，台下的師生皆投以欽佩的眼光，在那時候的時空背景下，這已經是相當新穎酷炫的技術，但到了現在，這卻是再普及不過的日常。

所以專業技術「硬功夫」需要不斷強化，才有機會減緩退化的可能，而掌握人事時地物的「軟實力」累積，才是無可取代的經驗淬鍊。

在「人際」的領域下，不論是對客戶喜好的瞭若指掌、跨部協作共好、明白每個人的決策動機與溝通眉角等，長期以來與不同對象建立相當程度的關係連結，且在每一次的應對進退中都做足了功課，絕非後輩能在一時半晌建立起來的。人們都說有關係就等於沒關係，不是說假的，有時再專業的提案簡報，也比不上信得過的人的一句話。職場上很多的互動，最終都來自於信賴關係，而非單純的信任關係，而是否有好好建立與維繫這些關係，便是你與下屬最大的差距。

在「事情」上能夠判斷輕重緩急，擁有作決策的果斷性，判斷當下情勢狀況來提出最適切的解套方案，往往也是資深工作者所具備的優勢。比方說面對客戶的談判議價過程，多數業務新人會啞舌支吾，但有經驗的業務可以很快判斷能夠讓利的底線以及雙贏的關鍵，根據事情的未來走勢，擬定出相對應的策略計畫。常聽年輕夥伴抱怨事情太多，永遠做不完，但現實卻往往是他們無法正確判斷事務的優先順序，導致該做的沒做好、可以放的卻抓得緊緊的。工作中，能做到加法其實不難，但要做到減法卻不容易，而好的主管，便是要懂減法，讓資源投入有效的方向，而非放任團隊像無頭蒼蠅般到處亂竄。

在職場多年的你，也絕對能夠見風使舵看準「時機」、懂得看眼色說合宜的話、在對的時間點向上提案、判斷請年休假最適切的時機、敏銳地察覺員工的狀態，給予適時的跟進與協助等等。舉個例子，某家零售業的行銷長希望能推動實體轉電商的布局，但上司前幾年總是打槍這個提案，認為實體的業績仍持續增長，實在沒有非投入電商不可的必要；然而受新冠疫情在全球肆虐影響，行銷長認為時機已成熟，再次把舊提案拿出來跟上司建議，果然也就迅速地推動了電商行銷的專案。

有的前浪甚至具備了對於商圈、場合等「地方」的觀察力，他知道跟不同客戶開會時，需要安排在哪些場合更為得宜，比較有利於協商的締結；他懂得分析展店位址在哪裡，能夠具備較好的集客人流；又或者門市的動線規劃該如何進行，才能促進商品的能見度與絕佳消費體驗。

某保險公司的業務部門遞交了採購平板的提案，他們希望跟客戶溝通時能夠提供更具象化的數據資料，且更快速地締結合約。業務部門主管便想到了其他部門有閒置的平板，能夠藉由跨部門轉借的方式創造三贏，不但解決其他部門物資停滯的耗損、節省了自家部門的開支，同時滿足了夥伴在客戶服務上的期待。這個判斷是來自於對於組織內「物資」的熟稔，能夠以更高更廣的角度來思考解決問題的方法。

當然，人們對於新人的包容會多一些，即便在上述的「人事時地物」犯了錯，多少會給予指導與調整的時間，換成了資深前輩，要是沒能掌握習性、沒有培養萬無一失的招式，那這段職涯時光很可惜地就空有「經歷」而沒有「經驗」，反倒會被人所詬病。

如同古希臘哲學家亞里斯多德（Aristotle）曾說：「我們的重複行為造就了我們，因此卓越不是一種行為，而是一種習慣的累積。」成功來自於不斷複製正確的行為，並從中找到優化與突破的機會。身為前浪者要思考如何在迎向沙灘時，刻劃出這一路走來的痕跡，當你沒有認清自己的角色與職責時，一味地跟後浪搶業績、拚戰功，把他視為眼中釘的你，無形中也樹立了敵人。這都算是換了位子忘了換腦袋的狀況，以往是員工時，想的該是自己能做什麼來達標，但當了主管後，則是得要開始思考如何幫助團隊達標。

我歸納出以下三個主管必須做好的角色，分別是：執行者、溝通者與決策者。

首先是「執行者」。以設計總監來說，同樣也需要偶爾動筆作畫，或是創意發想，不能僅出一張嘴，但整體參與執行任務的比例不該比員工高。領導者的存在是能夠帶給團隊明確的目標方向，執行前端較為困難的開創發想，再分派給部屬來執行任務。許多企業最常提出來的問題點就是：缺人，但鮮少有主管能確實分析到底需要補足多少人，才能滿足一家店或是一個部門的順利運作，沒有計算出人力編制的成本結構，只能把自己納入團隊排班的架構當中，終將無法跳脫執行者的角色，也沒辦法以更高的眼界端看夥伴們的作業流程是否有需要修正的地方，唯有釐清領導者在執行者的位置，才能做好帶領後輩的角色。

透過參與執行，達到以身作則的示範概念，同時貼近流程，所以可以知道干擾在哪，以利思考解套方式，更能做到傳承，透過與夥伴相輔相成的過程，來達到技能、知識、經驗與思考的傳承。執行絕不是為了表現自身能力的強弱，若是如此便是把主管職給做小了。

再來是「溝通者」。有的主管會相當直白地把公司下達的指令，一字不漏地傳達給部屬，卻造成了夥伴們的反彈聲浪，這樣的舉止充其量只做到了「傳達」；然而溝通者最重要的不是「傳」而是「收」，能夠內化了接收到的資訊，以接收者能理解的方式傳遞內容，分享其中的背景緣由、策略計畫與分工指派，或是與後輩交流討論，了解夥伴們的想法、計畫與擔憂，甚至能透過話語來激勵團隊的衝刺，抑或協調排解人員衝突。溝通者屬於承上啟下的關鍵人物，是身為主管不被淘汰的隱藏能力。

最後則是「決策者」。相信這個能力是多數人認為主管基本需要具備的，然而作出最適合當下情況的決策，是非常不容易的。不僅要能洞見癥結來判斷情勢，更要當機立斷思考什麼能讓利、什麼必須堅守，才能夠幫助團隊獲得最大利益。此外，對於決策行動的後果，領導者往往能具有承擔的胸襟，成為夥伴能夠信服的表率。別害怕作錯決定，作錯決策是必然的過程，是否能從中學到不二過與耐挫力，才是重點。

會擔心自己有所不足而被取代，是健康的心態。領導學之父華倫．班尼斯（Warren Bennis）曾說：「領導者始終對自己、對能力、對跟隨者以及與彼此之間的可能性充滿信心，但也必須抱持質疑、挑戰與探查，才會有所進步。」如果可以，請不斷精進自己的硬實力，讓自己擁有更多元的裝備。然而你與後輩的關係，大可不必成為互爭風頭的對手，即便是大師也有需要交棒傳承的一天，你可以善用自己累積的經驗與領導地位，創造正向的影響力，讓後輩成為你的助力，在你上岸的那一天，可以欣然地觀賞後浪激起的燦爛浪花。

如何跳脫舒適圈作出改變？

小啟擔任工程師已經將近八年的時間，日復一日地對著電腦做同樣的任務，說起來工作跟薪水都算穩定，日子沒什麼好嫌棄的。但每當朋友們聚餐時，高談闊論自己在工作上碰到的高潮迭起，縱使是抱怨的議題，在小啟聽起來都是羨慕不已的經歷。

「我也想要體驗不同的工作樣貌，假如我跨出現在的舒適圈，一切會不會變得更好呢？我的人生會有另一種可能嗎？」小啟總是這麼思考著……

在舒適圈裡，人會感到自在與安全，主要是因為被熟悉的人事物所包圍著；但是人也很奇妙，一旦得到了基礎的安定感，內心渴求變化的念頭便會開始躁動，倦怠、疲乏、無聊的感覺就會一一冒出來。

這時候很多人會建議可以「跳脫舒適圈」，去嘗試新鮮的事物與挑戰，但我認為舒適圈不是要用跳的，而是要逐步擴張它。心理學家研究，人們對於外部世界的認識可分為四大區塊，分別是最內圈的舒適圈（comfort-zone）、第二層的學習圈（stretch-zone）、第三層的壓力圈（stress-zone），以及最外圈的未知圈（unknown-zone）。核心的舒適圈通常是自己擅長的領域，屬於不太需要耗費過多力氣便能達成的行為，要讓自己避免過於安逸而感到疲乏，可以稍微延伸到學習圈就好，用跳的往往會一不小心就觸碰到最外層的壓力圈與未知圈，反而容易帶來焦慮與恐懼感。

你不用非得嘗試新的事物，也不用推翻過去的種種，而是將你原本會的東西擴大應用。舉例來說，一位習慣手繪插畫的設計師，手繪是他的能力擅長，將繪圖天分擴大應用到電子繪圖板作畫，就是觸及到學習圈的層面，讓原本需要一張一張完成的作品，能夠用新的方式傳輸與印刷製成，縱使需要學習繪圖板的操作方式，然而他的設計作品將能有更多元性的應用。再以我本身為例，原本多數時間以實體授課模式進行人才培訓，這是我的舒適圈所在，但因為疫情影響必須轉型，我便延伸觸及到學習圈，嘗試轉為線上課程的錄製，這其中的確有需要學習的地方，包括適應面對鏡頭、寫講稿腳本等，但畢竟有80%的成分還是圍繞在我擅長的授課上，即便有那20%的學習成分存在，整體不適應感相對是較低的。當你時常觸及學習圈，也將有極大機會把學習圈轉化成為你的能力範疇，你的舒適圈也會隨之擴大。

我不鼓勵「改變」，那太痛苦了，只要一點一滴地「轉變」就好。阻礙人進步的最大癥結點就是「不舒服」，一旦破壞了你原本的習慣、涉足全然陌生的領域，很容易就會產生想像中的不安：「萬一失敗了怎麼辦？如果我沒做好怎麼辦？要是動搖根本該怎麼辦？」其實這些假想通常不會發生，但改變產生的負面思考，會把自己變成最大的阻力，反而很容易選擇放棄，退回原本的安逸。把能學的東西、所有的行為可能全部拆解出來，先從小的、容易的項目開始執行，不要劈頭就從看起來成效最顯著、難度也最高的挑戰切入。

擴大舒適圈並非漫無目的地學習，而是在學習圈累積、在舒適圈落地，正如同心理學家班杜拉（Bandura）提出自我效能感的概念，意指「人對於自身能力的自信程度，知道以該能力達到何種目的，並持續累積成功」。有意識地平衡你的供輸，串起每一個小成功的同時，你的自我效能感也將逐漸高升。某企業的專案經理小高跟我分享道：「小安，我從大學畢業就加入這間公司，一直以來都做得穩穩的，幾年前公司認為我可以承擔主管的職務，我也欣然地接受這個任務；但是我還沒有把這個位子坐熱，公司就同時指派我承接新的專案部門，這對我來說是一個全新的領域。而現在，我的處境只能用水深火熱來形容，好想退回原本的舒適圈，不知道自己是沒資格當主管，還是沒能力照顧兩個專案線……」

不論是職位的晉升、部門的輪調、專案的轉換等，都是跨出舒適圈的舉動，甚至觸及到未知圈與壓力圈的範疇，這時候會感到極度地不適應，產生的慌張與無助，都是因為沒能把舒適圈跟未知圈之間的鴻溝補齊，而這個中間的落差便是學習圈所在。必須把自己原本擅長的能力，有計畫地刻意安排自己的轉變，拆解出每一個需要學習、需要做的項目，以複利思維一點一滴地累積，放眼的是未來而非聚焦於現在。

身為主管，你可以做到以下的檢視方法：

工作檢視：評估哪些事情是能夠授權與交辦出去、哪些需要親力親為、哪些需要跟進指導。當你沒有做好任務的檢視與分配，就沒有時間去思考策略布局，也沒有機會去觀察團隊。

時間檢視：做好了工作拆解與分配後，時間才能作好排程，建議可以利用時下的一些專案管理工具或日程表，幫助釐清自己需要在什麼時間完成什麼事情。這其中的時間也包含與員工的面談、會議，甚至是自己的休息與學習時間，也需要刻意規劃進去。

人員檢視：試著調整自己與團隊成員的關係，也許有些人是你不願意主動相處的人，但是成為領導者之後便要擴大舒適圈，不把個人好惡擺在前頭，很多事情看透就好，不用說破，只要是可用之才就不要拒於千里之外。面對人際關係上的調整，絕對是最有挑戰性的課題，也是需要一輩子不斷修練調整的學習。

目標檢視：身為領導者之前，只要關注好自身的任務達成；成為主管後，要思考的是團隊的共同達標。如何幫助夥伴與上司及公司的目標對齊，這其中需要大量的協商溝通與激勵跟進，確保大家即便努力的做法不同，但是都是朝同一個方向邁進。

流程檢視：以前是一般同仁時，通常都是依照公司既定標準來執行，成為主管後，可以按照自己的經驗來建議新的流程，正因為你是那個最懂一線同仁的存在，才得以結合執行者的角度和策略者的角色，協助優化部門的做事流程。

回到前面專案經理小高的案例，在晉升成為主管後是否有嘗試以上的檢測方式，讓自己不再置身原本身為基層員工的舒適圈來思考，更需要把自身能力擴大應用；在承接兩個專案線時，是否能評估兩線有哪些重疊之處是能夠共同進行的，有哪些成功模組是能複製再應用。必須讓自己有計畫地走出舒適圈，有意識地在學習圈布局，才不會精力耗竭、傷痕累累地退回原點。

學習是一輩子的事，就像美國藝術家安迪・沃荷（Andy Warhol）曾說：「走得多慢都無所謂，只要你不停下腳步。」只要你願意不斷地累積，你所走的每一步都不會白白浪費。

怎麼成為上司的好幫手？

部門會議持續到中午結束了，小曦與小嘉到餐廳用餐。

「剛剛的會議根本是災難，你有看到我提出的三個改善方案都被打槍嗎？」小曦瞪大眼睛說道。

小嘉點點頭回覆：「我知道，妳很用心準備了很久的資料，點出很多風險跟建議，可是主管就是執意要照他原本的堅持來做。」

小曦繼續說：「對啊，覺得好無力，我也想要在工作上好好表現，並不是說要立刻升官加薪啦～但至少掌握到提案的眉角，可以少做點白工。」

多數人每天進公司之前最基本的願望，就是希望今天能一切順遂，不一定要被讚揚，但求能安全下莊，所以期許自己能察言觀色，不要得罪上司就好，然而這頂多是做到聽從，卻無法成為輔佐上司的好幫手。

有時候你有很好的想法，卻無法被上司理解或接受；有時候最辛苦的事，在於無法投其所好，處於一個不斷做白工與修正的過程，這都將耗損你對於這份工作的熱忱，同時也會造成你與主管之間的信賴關係的拉扯。

你必須看懂你的上司，他在與你溝通或是交付任務時，到底是以哪一種管理特質在應對？經過我多年在企業輔導的過程，發現主管通常分成這四種樣貌：心想事成型、一板一眼型、三心二意型，以及放牛吃草型。

首先是心想事成型，他們擁有敏銳的直覺與主見，往往靠經驗跟感受來作決策，當他們提出一個概念時，其實內心已經有了答案，當你持有不同的聲音時，心想事成的主管希望聽到你能夠提出相對應的解決方案，而不是單純的否定或者是提出困難點。舉個例子，某百貨業總監希望在活動檔期中，提升門市人員業績抽成比例，藉此刺激夥伴們衝刺，然而財務部夥伴跳出來阻止，擔心接下來的財報表現會不佳。這位總監在立下這個目標時，思考的是「必須要達到」，他們並非不能接受反對意見，而是要團隊提出「如何能達到」的辦法。

倘若你的上司是心想事成型的主管，首先你就要能夠保持隨機應變的彈性，在接收到主管的「許願」後，在不破壞遊戲規則的框架中，創新地去發想各種可能的解套方法，即便為了要滿足主管要求的A的條件，而會喪失一點B的利益，身為心想事成型的主管通常也是能夠理解這樣的代價取捨的。

有的主管則是在乎邏輯、數據、流程與佐證的一板一眼型，在與這類型的上司溝通時，必須做好萬全準備再來提案。我曾經的一位德國籍主管便是這類特質，面對一個專案的討論時，需要清楚說明計畫的內容與細節，且必須符合相關規則與規範。然而當他問到一個我沒有準備到的資訊時，其實是能夠接受員工坦白地說：「老闆，關於這個部分我需要作更全面的檢視，以獲得更完整的資訊，可否請您給我一天的時間做準備，再來向您呈報。」

面對一板一眼型的主管，回應時必須避免「可能是、應該是」，這種不確定性的語言，而是要做足功課後才進行溝通。他們不喜歡畫大餅，看重的是事前的準備工夫、明確的計畫和做法，寧願你多花時間準備，也別草草交差。此外，也需要適時安排回報時程，讓主管了解目前進度狀況與計畫內容，若沒有足夠的參與過程，即便結果是好的，身為一板一眼型的主管仍會有種美中不足的感覺，態度上便會讓人覺得略顯挑剔嚴苛。

前面兩種主管都是對目標與結果有明確期待，不過也會有些主管在面對決策時，容易舉棋不定與猶豫不決，這類型則是三心二意的主管。他們經常表現出想要同時間滿足A條件與B條件的糾結狀態，因此決策效率會比較慢，需要多一點時間思考。比方說每到了十二月，通常是各部門要提交次年度預算計畫的期間，需要先給部門主管簽核後，再呈交給財務與高層審核通過。在提交草擬預算給三心二意的上司時，千萬別火燒屁股了才遞交，提早一些時間準備好，是為了給主管有一定的思考猶豫期，避免期限將至讓他因為著急而產生不必要的脾氣。

對於三心二意型的主管來說，「時間」的餘裕是重要的，此外，提供給他們「選項」更是相當加分的幫助。當你能夠協助上司分析事情的輕重緩急，提供建議選項與推薦方案，也可以善用優勢突顯的錨定效應（Anchoring Effect），或名人佐證的權威效應（Appeal to Authority）來強化提案成效，將能夠幫助上司提升決策效率，降低矛盾與猶豫的可能。

最後還有一種主管，非常懂得充分授權給每一位夥伴，且在任務下放後，選擇對夥伴全然地信任，只關注結果成效就好，這便是放牛吃草型主管。小安本身就是這類型的管理特質，在任務交辦時，當夥伴告訴我可以勝任，我會讓員工知道在這其中有任何問題或困難，都可以來問我，接下來我會百分之百地相信他，若中間沒有回報或提問，基本上就是等到結果驗收的那天。

面對放牛吃草型的主管，你要主動設立回報機制，而回報的過程不需要談論太多的旁枝末節，只要提供簡單扼要的 one page report 資訊即可。在任務執行的過程中，如果有碰到任何的阻礙或不確定，也能透過回報機制來取得上司的建議。千萬別不敢開口地埋首苦幹，或是不懂裝懂地逞強，直到最後期限時才告知任務執行失敗，這樣的表現將很難獲得上司的認同。

當然，主管不會只有一種管理面向，而且多數管理者都學過「情境式領導」（Situational Leadership），懂得根據部屬的能力狀況來調整主管的管理方式，因此當主管認為員工是粗心的，容易以一板一眼的型態來應對；當員工是能夠解決問題的，便可以呈現心想事成抑或是放牛吃草的領導模式。這的確是一種主觀的偏好，然而當你沒有搞懂主管怎麼看你，你就不知道怎麼調整與回應，更無法有機會在每一次的任務表現上好好發揮，做起事來綁手綁腳且不被信任的感受，肯定不是滋味。

管理大師彼得．杜拉克曾說過：「向上管理，重點在於幫助上司發揮所長。」當你理解主管對你的管理方式，才能用適切的方式回應，進而解決上司的難題，成為主管能夠安心交付任務的部屬，信任地讓你去展現長才，在做事的時候擁有更多的自主性與掌握性，且你的職涯才有機會走得寬廣且長遠。

該如何培養主管風範跟自信？

小宇是一家上市公司的新手主管，原本以為自己竭盡心力地付出，爬到主管位子的時候應該能威風凜凜，然而在會議上或是跟員工對話時，說話尾音總是越來越小聲，甚至面對別人的誇讚，他還會覺得渾身彆扭不自在。

「或許正因為我頂著上市公司主管的光環，很擔心別人會拆穿我，認為我其實沒有那麼厲害，所以我每天都過得戰戰兢兢，有著滿滿的自卑感。」小宇跟我這麼分享著。

「冒牌者症候群」是近幾年熱門討論的心理特質表現，大多數會存在有能力表現者的身上。擁有冒牌者症候群的人，會焦慮地怕被別人看穿自己的無能與不足，即便擁有一定程度的成就，也容易認為自己只是濫竽充數或是運氣好，無法將成功歸因於自己的能力。

成為主管的你，肯定是公司與上司所需要的存在，所以能夠坐在這個位子，請先給予自己肯定；倘若老闆覺得你不適任，請放心，他絕對不會吝嗇讓你知道。自信是需要靠自己產生信心，本就不該向外尋求，也不是靠他人的掌聲與肯定來擁有。它會反映於外在的儀表裝扮、舉止行為、言語口氣、表情態度層面，同時存在於內在的自知，一種明白自己適合做什麼與不擅長做什麼的篤定。

然而心理學研究發現，人最不認識的往往是真正的自己，我們只會看見自己心中期望，或是社會化後的樣貌。唯有當你足夠了解自己擅長與不擅長的地方，才能把特長極大化地發揮，並加以強化或迴避不足之處。以籃球明星史蒂芬·柯瑞（Stephen Curry）的例子來說，他清楚明白自己在外線準投的天賦，就針對這個基礎下去發展，而今被評為ＮＢＡ史上最偉大的三分射手；他也知道相較於其他球員，自己的身材偏瘦小的劣勢，便不會選擇擔任大前鋒這種需要更多衝撞與防守的位置，同時他也在體能上增加額外的間接性訓練，以強化體型上的弱項。

該如何檢視自己的優勢之處，美國潛能發展教授Laura Morgan Roberts與自我主宰講師Avthar Sewrathan的研究，認為定期運用RBS（Reflected best self）來檢視自己最佳的樣貌，能有效提振自信心。我這邊整理十個自我檢視的提問，幫助你釐清自己的特長：

- 做什麼事情會讓你感覺到「心流」？讓你能夠投入與專注到忘記了時間。
- 做什麼事情會讓你感到愉悅與快樂？
- 看見自己完成什麼事情，會擁有成就滿足感？
- 你對什麼事物感到有好奇心？想要參與或了解更多。

● 你期望看見自己有哪方面的累積？

● 針對沒嘗試與經驗過的事情，你的直覺反應認為自己做什麼事情會感到愉悅？

● 列出十項你能輕易解決的問題或事情。

● 近期學會什麼新的技能或知識？

● 過去曾經完成過哪些任務或挑戰，是你覺得驕傲的？

● 什麼事情對別人看起來是個負擔，對你來說卻是有趣且簡單的？

誠實地面對自己的內心，回顧自己過去的經驗與累積來回答這十個問題，建議你可以準備一個小冊子把這些答案視覺化地寫下來，每半年或一年檢視一次，你會發現每個時期的答案也許有所不同，這其中有哪些共同性與規律性？又有哪些是隨著時間或經歷而改變的？而那些經年累月都在你的回答範疇內，通常就是你信手拈來所擅長的事情。

你可能會問：「小安，這套ＲＢＳ可以幫助釐清工作上擅長的部分，但我該怎麼知道自己不擅長什麼？」

試著把自己的工作項目攤開列出，對應你的每一個特長，有哪些是可以應用上且能產生正向影響的，便是能幫助你發揮的優勢；而針對那些對不上的項目，就屬於相較不擅長的事情。舉個例子來說，在運用ＲＢＳ梳理自己的擅長元素後，對應到一位文案撰寫人員的職務上，他可能會發現自己對於ＳＥＯ的優化、行銷文案撰寫、圖文整合能力的工作內容是駕輕就熟的；但除此之外，文案撰寫人還需要懂得維護社群平台的管理、宣傳企劃的創新發想，以及新市場的開拓，這些方面或許無法發揮他的強項，相對來說他的自信程度也會較低。

在釐清自己的長板與短板後，我們希望用更全面客觀的角度來檢視，第二步驟便是邀請十位在工作與生活當中，對你有一定程度的熟識對象來回答這個提問：「在你的印象當中，我最出色與亮眼的時間點是什麼？做了什麼事情？」邀請的對象可以來自不同層級，他可以是你的前輩、同儕、下屬、家人、朋友、同學，從他們的答案跟自己的檢視作應證比對，中間有哪些共同點？你一定會找到一些較為醒目的特長，而定期的自我檢視跟旁人的客觀回饋，可以幫助我們強化成功的手感，也能奠定你的自信心。

針對那些不擅長的項目，如果能透過學習與練習來強化是更好的，但倘若在落實上仍有瓶頸，或是執行上有困難，那麼就只好請求支援。

多數人認為主管什麼都要自己扛、什麼都要會、面對任何問題都能勢如破竹，但我認為真正有風範的主管，不是「強者」，而是要有點「人味」，偶爾也需要適時地示弱，運用部屬的強項來補足你的弱項。讓夥伴有用武之地，首先要先看懂下屬，才能讓他參與你；針對如何看懂下屬，我們PART3會有更細部的著墨。

許多傑出的夥伴晉升到主管的位置後，表現得不如預期，這背後的原因往往是缺乏「大部隊」運作的觀念，過度仰賴自己的能力，而缺乏授權或是利用團隊協作來發揮最大效益；簡單來說，就是不懂得該怎麼用人。甚至更糟糕的狀況是，有的主管會擔心部屬的能力超越自己，因此限制組織中的發展與傳承，讓大家做起事來綁手綁腳、沒有信任凝聚感。

你要知道，決定一個人是不是領導者，不是頭銜也不是學問，而是在於有沒有人願意跟隨。當你能夠看見每個成員的好、善用他們的優點，在給予任務的時候，你的立場不是給下屬一個機會表現或是一個舞台，是基於相信他能勝任的信任，所以委任工作給他。當你知道自己不足、需要夥伴，彼此就能創造相互共好依存的正向關係，這才是一個優秀的領導風範。

心理學教授葛倫菲爾（Deborah H. Gruenfeld）曾說：「自信的人不僅願意實踐，也很清楚他們不知道、也不可能知道每一件事。」自信來自於做你擅長的事情，不把過多精力與時間耗費在不擅長的事情上，先放大自己的優勢、建立起自信心，有餘力才去補足短板的部分。即便現實環境可能會碰到人手不足、資源不夠的情況，非得要你暫時承接一個你不擅長的任務，但若你擁有相當程度的自知，你會在好不容易完成這項挑戰後，少一點對自己的責求、多一些給自己的接納。

有情緒的時候，要如何保持理性表達？

人資部主管請營業部主管小民進行洽談，主要是因為近期收到不少員工的投訴，指出小民的情緒控管有問題，讓大家工作倍感壓力。

小民得知後很激動，「你自己也是主管，一定能體會我的感受跟立場吧！員工總是不按照SOP流程，用一堆小聰明跟偷吃步的方式做事情，出錯了被我唸兩句是很合情合理的不是嗎？」

人資主管回道：「部屬的行為跟產出有需要加強的地方，身為主管給予回饋提點是必要的，不過要講到讓對方認為對事不對人，這個情緒的拿捏也要很注意啊！」

「我急啊、我在乎啊！第一時間要員工趕快改正、希望他們更好，有一點脾氣不為過吧？我以為他們都能理解我的用心良苦，沒想到卻被投訴，當主管真的很難為……」小民搖搖頭感慨地說。

在許多研究中，員工多數的離職原因是來自於面對直屬主管所造成的情緒耗竭，而主管的情緒表達，是一個需要透過自我覺察與不斷調適的智慧。《禮記．中庸》記載：「喜怒哀樂之未發，謂之中；發而皆中節，謂之和；中也者，天下之大本也；和也者，天下之達道也。」這段話的意思是，喜怒哀樂是人人都有的情感，在還沒產生時，不會有過與不及的表現，這叫做「中」；情緒產生以後能夠符合節度，叫做「和」，順應箇中之道理，則天下萬物將可順遂和諧。

在職場上我們都是情緒勞動者，要面對來自上司、股東、客戶、同儕跟下屬的情緒，難免會產生感知上的起伏，古人智慧裡的「中和」，並非要你壓抑憋屈，或是成為佛系的人，而是要懂得合宜地表達情緒，而不是表演情緒。此外，人的情緒通常會針對地位較為弱者宣洩，你不高興的時候，會無意間選擇把情緒丟給了下屬，也不會斗膽地發洩在上司頭上，然而，任何人都沒有義務接收我們的壞情緒，一味地恣意放任自己的情緒，縱使在工作表現上能展現絕佳的專業，再聰明的人，行為也將顯得愚笨。

有的主管會說：我沒有生氣，只是口氣比較急、講話比較大聲。人際溝通最難的地方，就是沒有認清自己當下的情緒本質，情緒有時或許還沒滿溢高漲，但一定要有自覺能力，當你感到有一點點不耐煩了、內心想要翻白眼，或是心跳開始加速，就要覺察喊停。即便你認為自己應該控制得了，也別小看被情緒綁架的可能，畢竟星星之火可以燎原，一旦失了分寸節度，脫口而出的情緒字眼可能會造成負面影響，甚至是令人後悔的結局。

有沒有碰過顧客抱怨的時候，一開始顧客的口氣都還算平穩，但是他會越講越大聲、越講越生氣呢？因為情緒的展現是一種堆疊起來的結果，而誘發這個感受的人與事，就是催化的酵素。當你覺察自己有了情緒起伏時，請先停止溝通，試著喊暫停，把注意力從生氣的對象或事情轉移，給自己一點時間咀嚼，才有機會讓情緒降溫，避免讓它成為壓倒理性溝通的最後一根稻草。

遠離情緒源之後卻什麼都不做，那只是讓你暫時遠離刺激源，但事情還是要處理，因為再次面對時，可能又會觸動同樣的情緒。在喊完暫停後，第一步要做的就是緩解情緒，緩解的方法則因人而異，最簡單的就是嘗試腹式呼吸法，因為要專注在呼吸上，能達到轉移情緒與專注力的效果；或是轉換場域，去喝杯咖啡、吃吃點心或是散步；有機會的話，還可以去做自己感興趣的事情，比方說打幾場手遊、數字油畫或運動；又或者可以嘗試一些需要啟動頭腦邏輯的事情，像是數獨、解謎等，能夠幫助你的大腦轉換運作，不讓情緒腦過於高漲。

第二步是處理面對，面對問題不要反應，而是回應。反應是針對狀況而立即產生的反擊；回應則是經過深思熟慮後的回覆。自古以來成功的人士都是以回應來面對困難，沉著地思考策略與布局。試著釐清自己溝通的目的與目標到底是什麼。比方說員工做錯一件事情，你的目的是：讓他知道你不高興？還是讓他能學會改正？這兩種的目的不同，你的行為也需要有截然不同的呈現。

我認同讓部屬適度明白你對他做錯事情感到失望，動之以情地表達你的感受，目的是創造同感與激勵，屬於感性的詮釋；然而讓他從錯誤中學習與改正，才是對話中最重要的目的，需要闡述事實、邏輯與數據，從中引導正確行為該如何產生，說之以理，要注意的是，你修理的是行為而不是修理人，絕不做人身攻擊。

我很年輕的時候就當上主管，那時候我常常從裡到外羞辱部屬，團隊給我的領導評分結果就跟我的情商能力一樣低。當時的上司給了我一個功課，要我在給員工回饋時，若發現自己已經有情緒了，就先寫下來，把自己要對員工說的話，一字一句寫出來，這時候就會發現其中有好多情緒性字眼，還存在許多主觀認知。在幾次的斟酌用字與修改的過程中，我發現寫下來的好處很多，能夠預覽一下語句是否順暢？邏輯正確與否？對方可以完整理解內容嗎？有沒有其他的佐證案例可以提供？思考到底是員工能力不夠還是行為動機不足？我能建立什麼制度流程，確保夥伴能夠做對？讓理性腦奪回被情緒腦占據的主導權，還能確保自己在溝通前是否有掌握足夠資訊，才不會落得被下屬搪塞過去的結果。

不論究竟情緒源是來自於上司、客戶、同儕或下屬，寫下來能夠幫助釐清自己站在客觀角度看事情，思考還有沒有其他的可能？會不會太主觀偏頗？是不是被自己的經驗觀點所綁架了，所以產生不悅的情緒？幫助大腦清空，把紊亂矛盾的思緒好好地整理一番，同時在排解不快的過程中，更宏觀地審視字裡行間的全貌。

別讓情緒支配了你的專業，所謂心寧則智生，智生則事成，你能用智慧去應對每一次的情緒產生，從中找到能夠理性處理的方法，因為職場上的高情商不是與生俱來的，是我們需要不斷自省與修練的課題。

如何培養自己的判斷決策能力？

「成為主管至今覺得最困難的，就是看著團隊成員眼巴巴地等我作出決策。我的選擇似乎決定了部門的成敗，這是一種使命與榮耀，同時也是沉重的壓力與擔子……」小妍說道。

我們每天都會作出許多的決策，從決定要吃什麼、穿什麼、走哪一條路，到幾點開會、任務交辦、目標設定等，從小的判斷到大的影響，串連起每一天的日常。有些人會害怕承擔起作決策所伴隨的結果，畢竟沒有一個選擇能保證得到絕對正向的結果，決策的壞習慣也油然而生。

第一種是「只打安全牌」的決策壞習慣。作決策通常是為了要解決一個問題，或是擺脫一個現況而存在，然而安全牌往往很難達到顯著的改變，它迴避了任何一絲的風險，付出最低的成本與代價。舉個例子來說，公司在開會的時候，會針對專案討論出許多問題點跟方案，倘若所有的人都過於保守地害怕作出決策，那麼最終的結論就會是「交給老闆定奪」，又或者是「下一次開會再說」，有時候便會錯失執行的黃金時間點。

第二種決策壞習慣，是只選擇能夠「立竿見影」的英雄型答案。這類的人會認為自己因為忙碌而沒有時間分析跟思考，希望作的決策最好是能夠一桿進洞，追求的是效率而非效能。然而一旦把事情推向了是非題，只有做跟不做、好或不好，缺乏彈性與選擇的情況下，到頭來可能得花更多時間來彌補錯誤。以高爾夫球場上作案例，假設你的球不幸掉到沙坑中，你渴望用全力一擊，把球揮出沙坑之外，這時最好能夠直攻旗杆，或至少能低於標準桿。不過要追求如此強而顯著的結果，需要考量與排除的困難也很多，舉凡風向、障礙物、坡度等，綜合無數個無法預期的因素，都需要在出擊前一刻作好完整評估，很容易增加失誤機率。

通常人在幾次追求立竿見影的決策失敗後，會退回只作安全牌的保守決策，而這兩種壞習慣的循環，其實都無助於讓事情實現突破性的發展。

第三種壞決策的產生，往往來自於「決策疲勞」（Decision Fatigue）所致。在經歷持續的決策，精神處於疲累狀態時，大腦便會降低對於遠景的權衡利弊，僅關注即刻的回報，導致決策品質的降低。通常在你狀態恢復時，回頭看當初在決策疲勞下所作出的決定，多數都是搖頭後悔，甚至不知道自己那時候在想什麼。

決策疲勞的狀態往往會引發前面兩種壞決策的產生。曾有一位朋友與我分享他賣房的經驗，房仲分別告知買賣雙方，只能在晚上十點過後進行價格協商與簽約，當時的雙方在經歷一整天的工作疲勞後，已經沒有額外精力作完整的風險管理，所以對於價錢上的把持就放寬了。此外因為自己這麼晚還前來協商，心理上總會希望有個好結果，最後自然就簽約成功了。然而當我這個朋友日後跟買方成為朋友後，聊到這段議價過程才知道，當初該房仲跟買方的說辭是，賣方堅持要晚上十點後才能見面，頓時發現他們似乎都被「決策疲勞」操弄了，因而作出英雄式決策。

另一種可能則是在決策疲勞下，容易選擇安全牌。記得有一次與安嫂去日本，一開始以為會下雪，所以穿了雪靴就前往了，沒想到天氣狀況穩定。然而幾天下來穿著雪靴在街上走到腳痛，一連看了好幾家鞋店都沒有安嫂看上眼的命定鞋款，最後在決策疲勞的狀態下，安嫂在一家店員服務不是那麼到位的店家，選購了一雙平凡的鞋子，只為了解決腳痛。但這雙「安全牌鞋子」在回台灣之後，至今就一直靜靜地躺在鞋櫃裡塵封著。

那麼要如何培養自己的判斷決策能力，才能避免上述的決策壞習慣呢？

首先，在作決策前要考量「使用者優先」，聚焦在解決方案的「目的」。當我們站在自己的立場與利益去想，很容易被框架所局限；唯有以使用者角度出發，預先思量到他們可能的需求與反應，才有機會更貼近對方。海底撈的超級候位區就是站在使用者角度去思考，為了降低顧客等待叫號的時間，因而延伸出美甲、按摩椅、兒童遊戲區、飲料冰品的享用與手機即時查看叫號狀態等服務。

再來是選擇「有彈性的決策」，換句話說就是預留後路。不論經驗再豐富，任何決策都不見得長久適用，許多事情的演變發展都是以「動態」在運作，因此我們的決策也需要保有彈性來應對。回到前面提及高爾夫球掉進沙坑的案例，倘若你追求不是一桿進洞的結果，只需要思考如何將小白球送回球道上，那麼之後的揮桿選擇與路徑就將會更多元了，可以依照後續的各種狀況做最適合當下的戰術。

再來是收斂在「可行動的決定」上，即便是baby step也沒關係，但一定要有所行動。在企業的內部會議中，要避免遙遙無期的決策定奪，需要聚焦在可行動的項目上；當然，各部門會將潛在風險拿出來討論，譬如預算不夠、時間緊迫、人員不足、技術不到位……等，這些有時候都是假想的困難，唯有真正去執行了才會知道這些困難的虛實。如同管理學之父彼得．杜拉克曾說：「我們擔心的事很少發生，而料想不到的反對力量與難關，卻可能會變成難以克服的障礙。」

此外這也能夠呼應到前面兩個好決策的應用，以使用者角度出發去思考這些小的測試行動，並且保有執行上的敏捷彈性，從現況更進一步，從能夠預期與掌握的事情開始，你的決策就不會是大壞。

最後要提升好決策的展現，就要避免落入決策疲勞的狀態，開始把無關緊要的決策拿掉吧！我指的不是企業經營、買賣、醫療等事關重大的決定，像是「開車還是搭捷運」、「早餐吃中式還是西式」、「要穿襯衫還是polo衫」，這些都是需要耗費腦力的選擇。像賈伯斯與祖克柏在服裝上都是極簡風格，他們剔除掉思考裝扮的這層決策，將專注力投入在更有產能的事情上。

有夥伴私訊提問：「因為疫情影響，而擔心自己的職涯，同時希望能多一點時間照顧孩子，所以我開始思考轉職投入到網路事業的經營，但很擔心會失敗，畢竟要從零開始，會不會花光積蓄之後什麼都沒累積到？」選擇打安全牌的結果，就會讓計畫止步，若繼續在現職工作著，期望的生活樣貌依舊無法達成；選擇立竿見影的路，就會直接離職、全身投入網路事業，並期許能立刻有顯著收穫。與其二擇一的風險決定，倒不如可以從斜槓開始微投入，比方寫文章、拍短片等社群操作開始奠定自我品牌，逐步思考自己到底要投入何種網路事業？是要成為網紅業配？還是成為團爸團媽？透過小批量的測試與調整，也為自己的人生梳理出具有彈性的路。

請記住，不要仗著過去的成功決策而自傲，也無須害怕未來的決策風險而退卻，因為你的每一步終將有所累積。

跨世代管理很困難，該怎麼溝通？

小恩一路從基層做起，勤奮不懈地在公司努力衝刺，職涯上轉換的次數並不多，每一次的轉職都是為了下一個巔峰而跳躍。擔任主管職也好幾年過去了，卻發現自己與夥伴的代溝越來越深，找不到最適合的領導方式……

「我知道後輩只會越來越年輕，組織內有新的活血是必須的，自己一直都不斷在學習新的東西、接觸新的資訊，以為這樣能跟年輕一輩的夥伴拉近距離，沒想到不論是觀念、做事方式、思考方向都有著很大的鴻溝，有很多看不慣的地方，帶人真的好難。」小恩與我分享道。

二〇一一年我回台灣，當時社會正討論「Y世代」[1]很難帶領的問題，而我的年紀正好屬於這個世代的區間，也被貼上了草莓族的標籤；隨著時間的推進，現在熱議的則是Z世代的年輕族群，他們被貼上了躺平族的標籤。突然間，Y世代成為了職場上相對「好用」的人選。

一代不如一代的論點，自古便存在著，人們容易落入一種迷思，將自身擁有的功勳，套用在後輩也應當有同樣表現，卻忽略了評估社會環境的綜合影響。舉例來說，過去三十歲成家買房是常理，然而對於大環境的改變，現在要能在三十歲成家買房，將會是個有實踐難度的挑戰，這時候年長一輩便會萌生一代不如一代的念頭。的確，新世代族群沒有經歷過戰亂動盪，加上教育的普及與網路科技的發展，比起嬰兒潮與X世代來說，生活水平是相對較高的，但同時也很難重現一九八五年以後經濟起飛、湧動錢潮這樣的突破性成長機會，上一輩便容易產生世代表現差距的誤解。

1. 嬰兒潮世代指一九四六～一九六四年間出生；X世代指一九六五～一九八〇年間出生；Y世代指一九八一～一九九六年間出生；Z世代指一九九七～二〇一二年間出生；a（Alpha）世代指二〇一三年後出生者。

「現在年輕人很沒禮貌，溝通都用LINE打字，不打電話也不當面聊。」一位資深主管埋怨道。其實對於年輕人來說，LINE是一種有效率且不打擾的溝通管道，接收者可以有空的時候再看訊息、回訊息，此外這是他們平常溝通的習慣，也是最直觀的選擇。隨著時代不同使用的工具便有所差異，在面對同樣的事情也有不一樣的展現方式，倘若因此連結到人格特質，認為他就是不認真、不禮貌，彼此的溝通就會建築在衝突之上。

子曰：「吾十有五而志於學，三十而立，四十而不惑，五十而知天命，六十而耳順，七十而從心所欲，不逾矩。」這不僅僅是孔子的成長學習歷程，更道出了人必須經歷過時間的淬鍊以及經驗的積累，才能慢慢地在人生的各階段有所奠定。連至聖先師都要摸索到三十歲才立定明確的方向，四十歲逐步對於目標方向不感到動搖疑惑，那麼身為平凡人的我們，是否也要接受每個人的成熟是需要時間的催化呢？站在已經成熟的角度看待年輕一輩的夥伴，很容易聚焦於對方的不足之處，卻忘了我們在那個年紀時，或許也是同樣地徬徨跟無知。

當然，你可能會說：「我在他這個年紀的時候，早就會做這些事情了，而且理所當然地想做到更好。」那麼我真心地要給你肯定，這也是為什麼你會成為現在優秀的自己，因為你很早就開始為自身的卓越而努力。然而每個人的天賦與起步的基準不一樣，在跳高的過程中，每個人需要使的勁也不同，身為主管能做的，首先是理解成長需要一定的過程，再來則是如何給予指導培養，幫助夥伴能更容易與你共事。

「我們就像海上的島嶼，看似獨立且不同，但海平面以下都彼此相連。」一人的外顯表現或許會因為環境影響或工具演變而迥異，但是內在的需求是不會有太懸殊分歧的。不管面對哪一個世代的夥伴，最重要的是能夠從AMP內在激勵元素著手來溝通，激發出他們的自主性（Autonomy）、精通性（Mastery）與目的性（Purpose）。

首先我們先談自主性的激發。面對資深或資淺的夥伴，以權管人已經不再適用於當今的領導方式，必須誘發員工思考與提升參與度，在他提出方案時，縱使有不盡完善的地方，主管能從中給予優化與提點，透過引導來交流彼此觀點，以雙向溝通來帶出夥伴的自主性。資深的前世代夥伴擁有經驗與技術，可以作出較好的評估跟判斷；資淺的新世代夥伴則具備資訊蒐集與工具應用能力，能夠幫助計畫更高效地執行策動。不論在帶領比你年長或年輕的夥伴，自主性的激發將有助於執行的動機產生。

再來是溝通的精通性。在每一次與夥伴對談的過程中，逐漸掌握到彼此的溝通習性，面對不同部屬作調頻，用對方能理解的方式傳達資訊，並且聚焦共識成效。在任務交辦或是資訊傳達時，想必你最害怕的是員工帶著一知半解去執行，起初都說清楚明白，但是最終結果卻跟你的期待不同，甚至還要幫忙收尾善後，你一定會感到不解與懊惱吧！擁有溝通的精通性，讓部屬在與你溝通的過程中能達到最佳成效的結果，他可以知道你在意什麼、如何作判斷、目標期待是什麼，將能夠見證自己與主管的溝通越來越有默契、越來越順暢。

每一次的溝通，應該是要建構一個彼此能清楚交流的地圖，讓雙方能輕鬆達到同頻、同理、同心，因為溝通不該是樹立雙方界線的行為，一旦築起了城牆，彼此的交流也就會停止。

最後則是分享目的性。與生活上的閒話家常不同，職場上的溝通是需要建構在有目的的意義的行為基礎上，舉凡獎勵認可、指導回饋、問題解決、計畫提案等，讓夥伴透過與你的對談能具體接收到自己需要調整的地方，或是知道個人的貢獻是被主管看見的，他們能夠在你的帶領之下有所成長與收穫。

身為主管能提供夥伴最好的幫助就是透過回饋，但是許多主管擔心夥伴無法接受，因為評論式的指教，會導致員工只聽見上司的認知與情緒，而沒有獲得任何實質上的幫助。給予回饋時，需要問問彼此的目的性到底是什麼，確認自己準備要說的是否能滿足彼此的需求，若感受不到實質獲利，那就得重新再思考了。

身為領導者的你或許會感到「鐵打的將軍帶流水的兵」，明明你很努力地想要打造一支有向心力的團隊，卻很難找到這樣的生力軍。以前我們總認為在職場上要找到一條屬於自己的康莊大道，然而對於新世代夥伴而言，世上沒有一條非走不可的路，更想多方嘗試與探索，找尋各種不同的可能性。在領導這樣的一群夥伴時，從溝通中帶出自主性、精通性與目的性，將有助於強化彼此的關係，讓他至少在你身邊的這段期間，可以展現最佳狀態，也不要格格不入地在你身旁久待。

尤其在這個多變的時代，新世代有著比過往更多的選擇，但他們根本不知道該如何選。身為主管的我們，不能再拿以往的經驗看待一切，隨著灰犀牛、黑天鵝不斷地顯現，我們也得開始學著調整自己的習性。嘗試多與夥伴們對話，一起學習這個新時代，檢視各種選擇，為彼此創利。

該如何看懂團隊組成，不把小人當貴人？

小繁是一個部門的小主管，在總部月會後被特別留下來商談。

「你們單位向來的績效表現都算平穩，但是從人資這邊得到的數據顯示，近半年來的人員離職率越來越高，你知道是發生了什麼狀況嗎？」區主管詢問。

小繁略帶緊張地回答：「這部分我也在釐清當中，明明大家的表現都不差，開會的時候看起來也都一片和氣，但我不明白為什麼我看好的人都會選擇離開。」

主管回覆道：「或許你應該重新檢視一下團隊組成，盤點他們的能力跟特長到底是什麼，你有多久沒有好好一對一地進行面談？你知道哪些人適合我們公司，哪些人的存在反而是一種傷害？」

「適才適所」是主管必備的技能之一，藉由員工的長才來幫助達成組織預期目標與績效，必須先從「看懂」開始，才能正確地「布局」。

不少主管跟我分享過，即便已經閱人無數，卻還是會在面試的時候看走眼，當時極度看好的千里馬，加入組織之後反而變成人才絕緣體，誘發那些原本表現不錯的夥伴紛紛地想離職的念頭。這是因為多數人在面試過程著重在外顯條件，舉凡工作資歷、名校光環、證照加持等能力指標；然而成員是否能融入這個團隊，有時候內在條件才是影響的關鍵，這個人的個性，是孤芳自賞？還是能團隊協作？為了避免遺珠之憾，看懂團隊人員組成，才不會錯把小人當貴人。

團隊裡的人員組成大致可分為三種：貢獻者、分享者、學習者。

第一類是貢獻者，他們的存在足以支撐企業的運營，不論是專業技能、心理素質或企業認同度都很高，正因為是頂尖人才，往往也會被賦予較多項的任務，容易呈現能者多勞的狀態。譬如電子科技業若要爭取市場占有率，擁有貢獻者的RD研發工程師將能夠有效率地提供獨有競爭優勢，為了幫助組織達到期望目標而努力投入心力。

第二類的分享者，他們的能力或許不是最拔擢，但是能夠把自己能做的範疇做到完善，並且協助與支持著貢獻者，就像是籃球場上的助攻角色，即便光環在明星球員身上，分享者便是那個願意成就大局的存在。以企業組織來看，人力資源與財務部門就像是分享者，幫助著前線與產能單位，雖然看似沒有實質的產出，卻有著舉足輕重的地位。

有另一種分享者則是從貢獻者演變而來的，比方說資深技術師傅隨著時代環境的演變，或是職場推進的過程中，逐漸走向傳承的角色，那麼他就可能從貢獻者轉為分享者，持續在企業中進行技術指導或品質管理的任務。

第三類的學習者，多數因為剛加入職場、跨產業、部門輪調或晉升等契機，處於需要學習與累積的階段。而優秀的學習者會虛心且積極得像海綿一般，即便能力還沒能展現發揮，但是良好的心態素質值得讓組織投入培養，讓分享者給予指導培育，逐步從學習者茁壯為分享者，更有機會鍛鍊成為貢獻者，屬於前途看好型的夥伴。

我們習慣看見外在的「相」，卻忽略了背後看不見的「心」，然而這個隱藏的真實，才是身為主管必須看懂的關鍵。

公司內部其實還隱藏著一種人：掠奪者，會披著不同的外衣來混淆我們。有一種掠奪者懂得喬裝成為貢獻者，他的成績表現很不錯，但功績來源不在於創造與付出，而是來自於搶奪別人的功勞與資源，他的多數表現都來自於傷害其他的夥伴，不管是欺壓團隊中的潛力股學習者，或是以高高在上的姿態，把分享者的付出視為理所當然，他的一舉一動都在破壞企業內部的點點滴滴。這樣的人很有機會成為組織內高薪的災星。

這邊分享一個情境：假設你有一位員工A業績很好，每個月都能達標，但人際關係很糟糕，其他員工都對A有許多抱怨，縱使進行多次的面談溝通，他依舊沒有改善地破壞著團隊和諧。面對A這樣的員工，你會選擇放手還是持續重用？

我碰過許多企業主跟我談過類似的問題，他們為求公司的獲利「被迫」留住這類掠奪型的假貢獻者，甚至期望利用「鯰魚效應」[2]（Catfish Effect）讓團隊其他成員都能跟著動起來，激起大家的鬥志來共同努力。卻忽略了競爭者不該來自內部，就算是要促進內部的良性競爭，也不能真的咬傷彼此，留下永恆的傷疤。當公司因為假貢獻者帶來的耀眼成績而選擇睜一隻眼閉一隻眼，那麼允諾他掠奪與犧牲的，便是公司的未來。當然，適度的鯰魚效應對於促進團隊的動能是有效果的，不過要注意目的是希望創造更多的活魚，而不是讓魚群都被鯰魚殺了。

2. 若在沙丁魚群中放入一條鯰魚，沙丁魚因為害怕被外來掠食者吃掉，會產生危機意識存活下來。在職場上係指引入具有不同能力或特質的新成員到團體中，讓原有成員產生害怕被超越的危機感，燃起鬥志。

掠奪者也會假扮成分享者，他懂得為別人打抱不平，看似支持著夥伴，實際上卻應用著自身的影響力分裂團隊。某企業培訓部主管跟我分享，他們其中一位培訓師在授課過程中，會跟新人抱怨與詆毀其他部門的成員，一方面營造出自己能夠幫助各單位培訓指導的重要性，另一方面卻在培訓期間慢慢地拉攏新人成為「自己人」。當培訓主管發現時，這位假扮的分享者已經掠奪了整個團隊的向心力，讓負面的資訊在組織各個角落中發酵著，到處充斥著猜疑跟不信任。

掠奪者所假扮的分享者，會做許多看似正確，但其實卻是在傷害團隊的事。某企業的創意設計部門在靈感來的時候，往往會長時間投入與加班，為的是能流暢地把專案完成，公司為這個部門特別破例，上班時數變成專案責任制，不受限於固定打卡時間。然而行政部門的掠奪者就有所微詞，認為創意設計部門享有的特權相當不公平，便到各個部門去散布揣測消息，造成部門間的對立。這看似為大家打抱不平的行為，實際上是為了爭取個人的權益。

最後，掠奪者也會裝扮成學習者，他加入你的部門或組織只是為了沾公司的光環，希望過了這個水，可以讓自己的履歷看起來更耀眼。因此他的學習跟行事只會挑自己有興趣、有利益的來執行，容易計較付出與收穫的對價，甚至時不時地把離職掛在嘴邊威脅。這類的假學習者掠奪的是公司珍貴的學習資源，你把他當作寶，對方只把你視為跳板，得到自己要的便隨時可跳槽。

那麼該如何應對這些傷害組織的毒瘤呢？假貢獻的掠奪者，有時候的確關乎公司整體營運狀況，短時間沒辦法汰換，畢竟他是帶有產值的成員。但至少要限制他的發揮範疇，比方說安排他去做新市場的開發，減少與內部夥伴共事合作的機會，確保他的槍口可以對著外部的競爭者，而不會掠奪同事的付出。此外，也要開始進行人才的逐步汰換，畢竟過往為了企業求生存的階段，多少會有些睜一隻眼閉一隻眼的妥協，然而組織要規模化成長，必須開始樹立正確的文化風範，而不是讓錯誤的習慣成了自然，甚至讓假貢獻者的掠奪者左右了團隊的影響力。

針對假分享的掠奪者，則需要避免讓他從事傳承指導或客服公關的工作，正因為他們的口才跟人際關係普遍不差，所以才會對人產生影響，若將他們安排在對人有話語影響的職務，將更方便他成為隱性的領導者。如果公司組織有獨立作業的工作項目，又或者讓他協助撰寫教案但是不授課，透過機制框架來引導他成為真正的分享支持者。而針對非教育相關職，則需要直球對決，讓對方知道他的言論對於團隊是沒有幫助的，主管也要懂得適時地正面回應各種錯誤訊息，避免讓謠傳演變成真實。

最後針對假學習的掠奪者，則是請無懸念地用正常資遣方式讓他離開，通常這類成員的離開對於部門的影響不會太大，別等到讓他有機會壯大成為假貢獻者或是假分享者，到時候反而會基於公司營運伴隨的無可奈何，讓組織內部充斥著假性的掠奪者，錯把小人當貴人的這把火，最終燒到的還是主管本身啊。

看懂人，才能布好局。幫助每位成員都能各司其職地展現發揮，打造一支能達標的團隊，同時也能讓身為主管的你，在領導的過程更加如魚得水。

PART 3

帶出神團隊

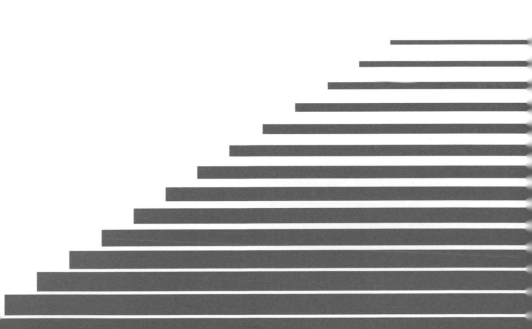

帶人要帶心，如何確保團隊跟我同心？

剛加入公司約莫半年的小雷，與他的前輩小偉正在談論關於近期的工作狀態。

「小雷，這半年的工作狀況還好嗎？上次看到你到主管辦公室做考核面談，出來的時候臉色不是很好……」小偉關心地問道。

小雷翻了白眼回：「說到這個我就滿腔無奈，主管平常為人是很和氣啦，也會請大家吃下午茶，但是只要跟專案有關的事情，他就會要求東要求西，提了幾個案卻總是被打槍，卻也說不出具體要如何改善。還有啊，在面談的時候一直跟我抱怨公司的制度不好，才讓他這麼難管理，要我們體恤他的不容易，我都不知道是不是該安慰他……」

小偉點點頭說：「是啦，主管一定有難為的地方，不過是不該把情緒丟在下屬身上，但他會不會是因為信任你，才會掏心掏肺？至於案子的部分，他可能也還沒有明確的想法吧！」

小雷接著回答：「這樣的主管頂多稱得上是好人，但不是好主管，沒辦法讓人信服地跟隨，他給我的考核成績也不會客觀到哪去，也許我該思考找下一份工作了。」

「別只管業績，帶人要帶心」，這是許多管理者了解的道理，然而這種軟實力，卻不是我們被賦予主管職務前，會學習到的技能。有的人認為跟夥伴建立好的關係，自然就能帶心，所以主管會請部屬吃東西、聊聊天，試著當一個體恤員工且好相處的領導者，但是關係的拿捏需要掌握好分寸，否則頂多是做到了情感上的連結，沒做好職場跟人際的劃分，反而容易在決策或管理時，更加綁手綁腳。

你可能會問：「那到底要如何才能確保團隊跟我同心？要帶的又是什麼心呢？」我認為所謂的「帶心」，是透過主管的正向影響力，帶出夥伴的三種心：敬畏心、勇敢心、上進心，讓夥伴能看到自己的價值，並且能好好地發揮。

首先我們來談「敬畏心」，這其中包含了尊敬跟畏懼。領導者的專業不只是做事的能力，更多的是做人的能力。記得我以前在新加坡五星級飯店工作，當時的客房部總監，他在執行前檯所需的流程與任務上，或許沒有員工來得有效率，可是夥伴們對他抱持高度的尊敬，大家好幾次看到總監不論在面對顧客的抱怨，或是員工犯錯時，都能夠展現高情商的應對進退，以一種冷靜沉著的態度處理，讓事情得以圓滿落幕，都大大對他產生信服感。

反之，當團隊正面臨一個棘手的問題時，主管跟著員工一起心急如焚地謾罵，甚至是自己承受公司高層的壓力時，到處跟員工訴苦抱怨，也許是想要表現同仇敵愾，卻忘了員工是來協助分擔事情，而非心情。真正好的領導者，是在面對不如意時，能夠處變不驚地展現解決問題的高度，才能成為員工尊敬的表率。

此外，領導者的影響力不該來自於威權，當員工只是因為位高者的職權而感到畏懼，是不會發自內心把事情做好，更不會對主管產生向心力的。跟夥伴溝通你對於事情的標準、對於品質的要求、對於價值的堅守時，需要給予團隊明確的方向跟建議，夥伴們會希望自己能達到你的標準，所以抱持謹慎不懈怠的心。這樣的敬畏心絕非來自恐懼，而是信任。很多主管會給標準，但給的是別人要照著做的標準；要維繫敬畏心，必須是對自己先有著高標，以身作則地展現，其次才是以教而啟的領導。

第二個是勇敢心，培養部屬勇於跳脫舒適圈，願意嘗試不擅長領域的事物。主管不是全能，我們有的時候只能看到事情的一個面向，僅用自己的經驗來作決策，很容易落入確認偏差的現象；又或者當夥伴在碰到困難時，會將自己帶入被害者的角色，只能畏縮等待你的指令，相信若只有你一個人，要拉著整個團隊前進，一定會感到舉步維艱吧！這時候如果有基層勇於挑戰主管的觀點，提出客觀的建議討論，這樣的交流反而能創造雙贏的火花，同時也能讓夥伴在你的帶領下更積極勇敢。

「斜槓」在過往是一種選擇，在未來則會是一個必然。當夥伴具備勇敢心，就能夠不怕犯錯地創造自己的廣度，舉凡嘗試新鮮的事物、接觸跨領域的挑戰等等，以一個好奇卻不魯莽的方式來累積。是的，我所謂的勇敢心，絕對不是貿然躁進的衝撞，而是負責積極的態度。

以前在我帶領培訓部門時，團隊夥伴過往只需要按照公司的時程來安排課程，用既有教材來授課，然而我的夥伴會勇於向我提案，希望能加入互動性、調整案例讓它更接地氣，並強化文宣行銷的吸引力，有時候夥伴提出來的，是我不曾想過的方法，卻帶來意想不到的好結果。當然，並不是每個提案都盡善盡美，然而要樹立夥伴的勇敢心，主管的回應就顯得相當重要。當員工的思考不夠周全時，請別立即否定，而是要協助完善，讓他的建議能更加周全，與其說：「你怎麼會這樣想？這樣的做法很怪、不會成功的……」不如調整為：「你這個想法我沒有想過，可以跟我分享一下怎麼做嗎？如果加上這樣的元素，你覺得結果會不會更加乘呢？」

當夥伴具備了敬畏心與勇敢心，最後要培養的則是想要追求卓越的上進心。要說勇敢心是追求廣度的視野，那麼上進心就是渴望高度的目標，不論是對於職涯的成長，又或者是自身能力上的精進，必須懷抱著對「更好」的嚮往，才有機會跟著你一起前進。

以廚房的案例來說，有的員工是日復一日地把這份工作當作職業來看待，有的夥伴則會不斷地請益學習、研發新菜色、提升廚藝技巧、嘗試分子料理，持續地深耕自己的技藝，不論未來是擁有私廚，或是成為行政主廚，他都對於未來的成就許下了允諾。

許多企業跟我分享到，很多員工對於「成為主管」是沒有嚮往的，寧可當職員，只要照顧好自己分內的責任就好，不願承擔更多責任與挑戰，對未來職涯發展更是沒有期待。身為企業主或是主管者應該要思考，除了薪資福利條件的誘因之外，是否忽略了帶領夥伴的上進心？人們總渴求找到全才，卻不願承認即使是高階經理人也不可能做到全才的地步。我們的確應該鼓勵員工多方嘗試與發展，但同時也要協助培養部屬的職人精神，讓他在專長上持續深耕。這幾年開始有許多大企業都開始導入職涯雙軌制，讓適合晉升管理職的夥伴往管理職前進，而適合持續進化技術職的夥伴則成為內部大師，讓人才得以適才適所。

為什麼我會說上進心最難養成？因為這三心是環環相扣的。當夥伴看到主管總是跟著抱怨、行事標準舉棋不定，便逐漸失去敬畏心；主管對於員工提出的想法總是壓抑與否定，將抹滅了勇敢心，自然對於晉升成為主管或追求更高的標準價值，失去了上進心的嚮往。

前美國總統約翰．昆西．亞當斯（John Quincy Adams）曾說過：「如果你所做的一切，是使他人了解更多、學習更多、做到更好、成為更好的人，那你就是一位領導者！」領導從最初階的「以權管人」，走到關係建立的「以情帶人」，進一步以身作則的「以身領人」，邁向啟發指導的「以教啓人」，世界上沒有一種絕對成功的領導技法，帶人帶心也並非要將下屬複製成為另一個你。

透過三心的引導帶出團隊的向心力，讓主管就像圓心一樣，夥伴能夠願意圍繞著你轉，而你的話語、眼界、思維、影響力，就像隱形的線牽引著他們，部屬能夠從你的身上有所學習，逐步累積每一個小成就，能夠放心把自己交託在你的領導當中，激發出更好的表現能力，才能帶出團隊與你的同心。

要找到跟自己互補，或是特質類似的員工？

人資主管小金與業務主管小蘭正為了找尋人才而激辯著。

小蘭嚴詞厲色地說：「我認為應該要找跟現有團隊特質比較類似的人，這樣大家比較好做事、好溝通。你也知道我們業務團隊要的就是一股衝勁，之前來的新人太溫、太內向了，根本沒辦法融入，做不到三個月就離職了，這樣很浪費彼此時間啊！」

小金搖搖頭說：「不行啦～公司要能夠長期發展下去，就是要有多元化的人才呀！這樣才能激盪不同的思維火花，聽見不同聲音也才能促進成長。而且意見不同難免會有衝突，這很正常，應該要思考的是怎麼快速磨合……」

關於找人才這方面，我很常被問到：「應該要找跟自己能力、經歷與特質都差不多的人，還是要找一個與自己迥異互補的人？」

其實在面試的過程，除非在流程中刻意安排，否則是很難自然地選擇跟自己擁有互補特質的人。心理學家唐・伯納（Donn R. Byrne）說過，人比較會被與自己意見或立場相同的對象所吸引，這也是為什麼跟我們比較親近的，往往偏向於志同道合者。

大多數的面試官首重職務需求導向，找到能力條件符合期望的人選，這是無可厚非的；然而在經過幾波遴選，最後幾位求職者的知識技能都旗鼓相當時，通常跟面試官頻率相近的，就會容易被認為比較有邏輯、比較順眼而拔得頭籌，當然，這其實是偏向主觀認知的決策導向。

因此，「客觀選才」本身就是一個必須透過刻意規劃才能產生的行為。根據我在不同國家擔任主管的經驗，要能在面試過程中注入多元性的人才，必須一開始在設定選才條件時就要刻意安排。舉個例子來說，我是一位比較擅長跳脫框架思考的人，有時候會天馬行空地創新發想，在找團隊成員時，我便會刻意設定找尋條件是能具備關注細節、風險管理觀念，以及計畫執行力的人。我並不是要你刻意找一個跟自己特質完全相反的人，互補的目的，是為了能夠透過補強團隊需要的要素，幫助彼此可以展現更大成效。

此外，在面試的流程設計上，也能夠設計多輪面試官的機制，比方說請人資部或部門內的基層主管協助進行第一輪篩選，條件符合期待才進到第二輪的面試，讓客觀性加入面試流程的機制當中，以避免在第一輪的過程，就因為面試官自己的習慣認知，篩選掉特質迴異的人才。

但這並非意味著特質「互補」就是好選擇、「雷同」就是壞決策，我會建議檢視一下目前組織狀態，來考量人才布局的需求樣貌。

在一間企業的發展起步、一個專案的初步啟動，或是一個部門的草創期，會需要比較大的衝勁動能，這時候，同特質的夥伴比較容易凝聚向心力，能夠快速達成良好的同頻溝通，他們的決策、經驗、思維、觀點能夠相互堆疊加乘，成為彼此的油門加速器；倘若這時候擁有的多是互補型的夥伴，則會在需要前進的階段中，容易沉浸在反覆的討論嘗試，造成工作的停滯。在此階段，企業、部門、團隊需要的是動起來，要從做中學，而非什麼事都等到計畫成熟後才來策動。

曾經有個企業要成立新的影音部門，招募來的夥伴特質相當多元，在草創階段需要盡可能地創造越多作品越好。為求在市場上快速達到高流量與能見度，在大夥兒滿腔熱血持續創作的同時，卻有些夥伴較為保守，抱持著擔憂與危機感，認為除了「量」，也應該重視「質」，要加強內容的深度，光是討論劇本就討論了兩、三週，導致片量產出不足，更無法透過觀看者的實際數據來決定未來影片的走向。即便兩邊的觀點都沒有對錯，每一次的影片上架前，卻都充斥著雙頭馬車的拉扯，耗損彼此的精力，浪費溝通成本，更有可能錯失了成長發展的良機。

那什麼階段是著重於找尋「互補型」人才的時機呢？

當一間企業規模或部門營運到了穩定成長期，意味著所推出的產品和服務已經有了立足之地，從先求有的階段走到了求好的境界，需要加入更多的參考值，舉凡顧客回饋、成本考量、市場走向等。這時候的人才招募可以開始提高互補型特質者的比例，接收到不同面向的聲音，才能照顧到更加全面且完整的可能。

一間知名的零售服飾品牌，從巷弄小店開始，逐步擴張到連鎖直營店，李老闆一開始找的都是跟他特質相似、偏向活潑外向特質的銷售夥伴，快速地與顧客建立連結，同時能夠做到銷售締結的高績效。很快地在市場上便碩果纍纍，在店面如雨後春筍般地成立後，需要能照顧百百種顧客，就必須開始招募互補特質的夥伴加入，不全然再是外向個性，也會需要縝密細心、邏輯清晰、凝聚感性等特質的夥伴。同時間，為了開拓不同業務種類，公司也必須在人才的尋覓上有更多樣性，不只是特質個性，也包含不同的專業知識和經驗。

這種人才特質交融的過程中，草創期的元老級前輩，與後來加入的夥伴往往會產生價值觀的衝突，甚至造成人員的異動，這些都是必經的過渡期，不過比起草創起步期間，穩定成長的階段更能夠包容這樣的動盪，也能逐步幫助企業打造更健全的體質。

「創業幾十年了，我也是不斷地在學習跟調整啊！一開始我也很不習慣，畢竟我的個性是偏向豪邁外放一些，看到員工在策劃一些行銷策略、顧客關係、考核制度，老實說我覺得很瑣碎，但是憑良心講，這些都是企業必要的、顧客需要的、對夥伴好的，縱使會有不習慣的地方，我相信都是幫助補強我們不足的地方。」李老闆謙虛地說道。

身為領導者，很重要的是願意接納不同的聲音，願意讓夥伴的長處來補足我們的短處，成為彼此相互砥礪的存在。不過，一旦把這樣的差異單純看作是差異，就會變成「不投緣」，相處就沒辦法那麼順利，更別提合作了。

小馬是食品製造業的主管，他清楚自己偏愛能夠遵從執行的員工，然而公司希望他接下來可以找到有想法的夥伴，跟他一起思辨出不同的火花，期望為公司帶來新的開發與創新。小馬與人資部門小鳳共同擬定了選才條件需求，幾番面試後也萬中選一地找到合適的人才加入，但是新人加入不到兩個月就離職了。

小鳳問：「這個新人不好嗎？他不是依照我們討論出的特質跟能力條件找到的人才？問題點是什麼呢？」

小馬回覆：「我知道當初我們溝通的面試條件，但是我總覺得他是來頂撞我的，每一次開會都是唱反調地持相反意見，這樣我很沒面子耶……」

面對特質類似的人，我們容易感到安全舒適；而那些與我們特質互補或迴異者，則容易令人產生防衛心，這是正常的反應。要能夠善用互補特質的人才，首先必須先承認自己有需要、自己有不足，能夠認清原有的特質是無法讓這件事情完善，所以需要對方的幫助來破除盲點，才有機會讓互補效應發光。

想像你擁有一個淡水魚缸，養了一群淡水魚，某天你看到了一條海水魚，希望牠能跟你分享自己看過的視野，以及牠在大海體驗過的經驗，然而你並沒有提供一個海水缸，便邀請牠加入了既有的淡水缸。你猜想，牠會順利活下來嗎？

這隻海水魚為了生存，牠也許必須強迫自己快速演化以適應淡水，又或者只能選擇離開，否則只有死路一條。

在資源與能力有限的狀態下，只能養好一缸魚，就如同企業創建初期，「求有求廣」的階段，以多數同特質的夥伴為主軸發展；當擁有的資源與資金較多了，經驗也趨於成熟，你可以分別養兩個魚缸，牠們需要兩套不同的設備，也需要不同的照料與關切方式，就像企業組織運行到穩定成長「求好求深」階段，則能夠在多元化的人才養成上增加一些比例。

沒有絕對完美的人才比例，也沒有絕對的特質優劣，主管之所以需要團隊，是因為一個人無法做所有的事情，唯有透過評估組織現況來判斷特質需求，讓彼此的相同成為激勵的動能，讓彼此的不同化作成長的砥礪。

如何應對部門人員的高流動率？

在主管月會上，上級正在檢討各部門的人員離職率，小暉跟小宇紛紛低著頭希望不要被公開點到名……

「流動率這麼高是怎麼回事？沒有員工要誰來做事？主管能扛起整個部門所有的事情嗎？公司投資多少錢在員工上面，身為部門主管的，沒有想辦法留住人才，人資部找人進來，到你們部門就變漏洞流失掉了，這個洞永遠補不滿嘛……」上級看到離職率居高不下，喝斥了好一陣子。

走出會議室，小暉嘆了口氣說：「老闆不知道我們也很難為啊，新人剛加入不久就離開，有的明明做得好好的，突然就遞離職信，我根本措手不及。」

小宇接著說：「對啊，我們部門也是，面試的時候什麼都說可以，進來之後卻抗壓性很低，我問他為什麼要離職，他說這跟他想像中的工作不同，難道面試之前都沒有做功課嗎？這個流動率的責任不該是部門主管要扛吧？」

與上面的情境案例相反，曾經培訓的一家企業人資跟我分享，他們公司的人員流動率太低，導致組織略顯僵化，感覺沒有活水與生氣，夥伴們做起事來也越發處於慣性與惰性的狀態，反而希望能提升一些人員流動。綜觀，離職率太高或太低，對於組織都不是健康的事。

員工離職率是反映企業人事穩定程度與職場滿意度的綜合指標，要評估自家的流動率是否健康，可以跟同產業、同地區分別來做平均數值的衡量，到底屬於常態還是變態？有的產業本身人員流動率就容易偏高，比方說零售服務業，尤其在基層職位的流動更為顯著；又或者能剖析自家在所屬地區的流動率標準是否在平均值內，比方說有些工作地區比較偏遠，往往也會是造成人員離職及招募困難的原因之一。

倘若你的部門或公司的人員流動率是屬於變態，也就是數值高於同產業與地區，那麼建議可以跟做得好的標竿企業學習，到底別人作了哪些策略、制度，並建立了什麼樣的企業文化來留才；若是屬於常態，你能以先行者角度來思考調整方式，找到核心問題才有機會對症下藥，否則只會處於人才流失與招募職缺的無限循環。

通常接收到人員的離職原因，不外乎是「生涯規劃」、「個人因素」等，然而這多數不是真正的主因。我分別在夥伴的三個月、六個月、十二個月這三個離職時間點來作分析，當然這並非絕對，但能夠作為參考的方向，從員工的「融入性」、「發展性」、「目的性」來著手，找到能夠調整的破口。

夥伴在加入初期的三個月內離職，通常離開的是團隊。面對人員的離開，第一時間會歸咎於他們對於薪資福利條件的不滿足，然而這麼短的時間內離職，多數是與團隊沒有「融入」，換句話說，便是他們沒能跟團隊建立友好互助的人際關係。

你可能會說：「融入團隊本來就是自己的責任，不該是一間企業或一個部門的事啊！」的確，人是群居的動物，在正常的狀況下，對於「人際連結」是會主動渴求的。然而當夥伴面對到的是一個沒有行事標準與依循準則的團隊，舉步維艱地缺乏明確的方向，將喪失「行事連結」的基準；對於前輩或上司給予的任務或決策，不明白其箇中原因，沒有了「思想的連結」，也只會把工作當作一個必須完成的儀式，無法每一次都掌握脈絡做事，甚至容易激起反抗心。夥伴無法融入還有一種原因，他們沒能看見自己的付出有所價值，少了「成效連結」，也將失去對團隊貢獻的嚮往。

缺乏上述的三種連結，成員與團隊的整體人際連結就會下降。因為沒有行事連結，必然會犯錯，被指責的機會當然也會大增；缺乏思想連結，人員會陷入一個口令、一個動作的困境，無法產生自主性，甚至會為原有成員帶來干擾，加深新人的距離感；失去成效連結，看不到自己對於團隊的幫助，當然也就對自己的存在與適性容易產生懷疑，自然減少與團隊夥伴之間的互動。

不論是新人加入、主管空降或是因職務輪調而加入一個新的部門，都需要一定時間的適應，這時候人際的凝聚能夠提升帶入感，然而當他的行事、思想與成效都跟這個團隊格格不入時，自然很容易就會萌生逃跑的念頭。

人員在六個月以內選擇離開，通常離開的是公司與工作。在這段期間內，看到「發展性」的局限，在職務內容中進行重複工作，卻沒有被培育出新的可能，短時間內看不見自己有所成長，認為自己在這個環境待下去，很快就會看到天花板了。

有些年輕夥伴的離職，是發現工作內容不是自己最熱中的，因為在過往的求學經歷中，並沒有太多機會提早體驗不同產業的運作，除非他有豐富的打工經驗。當他在這裡看不見自己的發展性，便會想嘗試這份工作以外的其他可能，也許是別的公司、產業，或甚至想透過壯遊來找到未來志向。

倘若在內部創造跨領域、跨部門的培訓及體驗，強化夥伴們多元化的技能，甚至是結合遊戲化管理的概念，以過關的方式設計學習旅程，藉此培養屬於組織需要的學習型人才，員工也能嘗試自身的能耐與各種可能性。當然能夠針對重點栽培的夥伴進行「個人發展計畫」（Individual Development Plan）是最加分的，千萬別擔心自己培養的人才跑到別的部門單位便會失去左右手，而抗拒進行培育發展跟職涯討論，與其讓他跑到競爭對手那邊成為你的威脅，不如想想如何成為他的伯樂，建立亦師亦友的長遠關係。

若夥伴加入團隊一陣子，表現穩定的狀態下，卻在十二個月左右選擇離職，通常離開的是主管。有一位夥伴私訊跟我分享，他其實對於現在的工作內容還算上手，然而他看不見自己所在乎的價值能夠在這份職務上體現，主管對他也只有績效上的要求，對他來說工作就像是行屍走肉般，失去了原本的熱情與初衷。

現在的求職者渴求的不僅是物質的利益，而是更多元的「目的性」，包含了企業理念、社會責任、公平正義、個人使命等，此外也希望自己的存在是有所價值的。有的主管習慣掌權，不願意授權下放，或是對部屬的貢獻沒有明確的回饋與肯定，然而沒有一個人會持續想當一個巨大機器裡面的小齒輪，當長期沒有決策權，看不見個人的職涯的成就累積，在這份工作上的目的性變少，存在的意義也薄弱了，少了成就感的挑戰，就會變成了苦難，離開也是遲早的結局。

主管與部屬的關係如果只建立在任務指派與成果驗收的層次，而不嘗試去理解人員在團隊中的狀態，當遞出離職信的時候才祭出升職加薪的糖果作誘因，即便員工留下來了，在問題依舊存在的情況下，也很難貢獻百分之百的自己，人才流動的問題也會一再發生。

不過在此我要特別強調，並不是員工的表現變差，就有變心的徵兆，因為人的表現本來就會有高有低，需要旁敲側擊地去了解，到底是因為專案的難易度、資源環境不足，抑或是私領域的影響？我都鼓勵主管不要只做離職面談，更要做到在職面談，透過一對一的深度對話，關注夥伴是否了解公司的理念？是否能參與決策？跟同事的人際連結如何？觀察員工的融入性、發展性與目的性的滿足，畢竟薪資不是每一位主管可以輕易調整，但夥伴是否在工作崗位上能得到投入度，是主管可以著手的。

呼應一開始所提到的，組織內擁有健康的流動率是好的，而好的流動率，是員工能夠去一個對於他來說更有未來性的地方，不是去同業那邊做同職位的工作；能夠把人才留在組織內是好的，即便他去了別的部門，至少還是在自家品牌之中。倘若他有更好的下一步，以一個好聚好散的姿態道別，相信就算在下一個商場上交會，也能彼此建立互助共好的關係，絕對是職涯上利大於弊的選擇。

該如何找到人才？去哪裡找人才？

「我的部門都是一群不會動腦的蠢才，說一步才做一步，難道都不會自己主動發想可以怎麼做更好嗎？這樣我找機器人就好了啊！」小董埋怨著。

小李搖搖頭說：「那會不會是你招募的時候出問題了呢？你找來的全都是聽話的執行者，可是你其實需要的是能夠跟你一起思考策略的夥伴？」

每個企業都渴求人才，但是多數人都沒有分析過自己的部門組成現況，到底需要的是人力、人手或人才，而這三種職場工作者有什麼分別呢？

一般來說，能夠把指派任務完整執行的守成者，我們稱之為人力，他們能依照流程制度產生執行力，幫助組織達到目標；人手則是有手藝或技藝，用專業與經驗來作判斷決策，通常是某些特定領域下的專長者；而具備洞察解析、邏輯思維、問題解決能力，且保有創新正向態度的開創者，屬於人才的層級。

某間餐飲集團希望自己的公司能夠充滿人才，所以廣發英雄帖，運用各種求職軟體及獵頭公司來找到符合期望的人選，但是發現人才加入後，平均做不到兩個月就會離職。集團老闆相當懊惱地詢問我：「小安，難道我們給的福利不夠吸引人嗎？」我回答：「如果離開是因為薪資福利條件不滿足，他們從一開始便不會選擇加入了，畢竟這是面試時就會有所共識的議題，所以選擇離開一定是其他的考量。」

在沒有明確作過內部診斷下，盲目地找尋「最完美的人才」，不僅耗費銀彈更曠日廢時，唯有評估每個部門的人力結構狀況，釐清到底需要補足哪一種類型的夥伴，才能找到「最適合的人選」，讓團隊真正發揮運作的動能。大家可能會有種誤解，認為人力是最不起眼的存在，但其實基層夥伴是營運的根本，通常也是需要最大量的人數比例；而中階主管多數屬於人手特質，他們在自身的領域下有所鑽研累積，除了能把事情做對，更能判斷做對的事情；高階經理人則需要成為人才的角色，必須以更高角度看全局，以策動組織整體有前瞻性的成長。因此，沒有哪一個角色是絕對的好壞，人力、人手與人才都需要共存在企業中，才能確保營運順暢。

以前面的餐飲集團老闆的案例來說，他的團隊的確人才濟濟，夥伴總是會發想出新的計畫策略、找對問題並提出解套方案，然而有些見解跟判斷或許會跟老闆的意見不同，甚至可能夾帶一些赤裸裸的衝擊。當沒有準備好開放的心態來面對，很容易落入「敵對媒體偏誤」，就像是人們看到跟自己立場不同的媒體報導時，總認為對方的闡述不夠客觀，而他們的資訊也不足以被採納。倘若放任自己沉浸在「敵對」漩渦中，即便手中有再多的人才也將留不住，因為他們認為你並非真心想聽，他們終將轉而追求懂得知人善任的伯樂。

如同司馬光曾說的：「用人如器，各取所長」，別指望人力去發想行銷策略、別要求人才在一線搶業績；找到人才就是要用他的思考能力，用人手便要尊重他的職人精神，面對人力則要確保流程制度可以幫助他正確執行任務。所以並非所有的企業都該專注於找人才，我建議要評估企業或部門檢視自己現在分別屬於「創建期」、「完善期」或是「再造期」，進而透過內部培養或外部招募的方式，找到最合適的人選。

在創建期，通常屬於新創公司或是草創部門的起初階段，這時候需要的是執行力。主管自己本身需要擔任起人才的角色，在謀略與洞察上需要著墨用心，同時重點找尋適合的專業人手來打造流程制度，幫助基層人力得以執行計畫。

到了完善期，部門與組織趨近於穩定運作的狀態，這時候期望能保有成長的競爭力。重點在於持續補強專才型人手的加入，幫助強化中流砥柱，並針對基層人力需要做好扎實的培訓，確保夥伴能持續做對，更把既有的人手好好養成得以具備獨立思考與創新發想的人才。

當企業已經達到一個高峰，希望有二次再造與進化時，會需要更多的人才注入新的可能與刺激，用不同的方式創造突破性，反而在人力方面可以略微縮減，同時注意需要關切留著培養好的重點人手，才有機會將資源放對地方，聚焦在其次的高峰成長。

我的工作除了在企業擔任培訓講師之外，也承接顧問輔導案子，許多企業會跟我分享找不到人的狀況，甚至許多職缺是全年度沒有關閉的一天，因為找到了人遞補上，不久又有人離職，長期處於缺工的輪迴。使用網路上開放職缺資訊，在市面上找到人力是相對容易的，然而針對人手與人才，被動式刊登職缺是很難滿足招募的需求。

當今職場屬於粥多僧少的就業寒冬，各行各業都在積極搶人，不僅招募文案需要調整，不再適用過往千篇一律的方式，招募管道也同樣該與時俱進。需要關注時下工作者會在哪裡舉辦社群聚會？參與哪些講座課程的學習？能夠主動出擊遞出名片，邀約不錯的人選來公司面試；又或者觀察求職者會在哪些管道交流工作資訊，比方說 Dcard、Clubhouse、LinkedIn 等，在這些平台廣蒐適合的人選做進一步的面談。

千萬不要有職缺才開始找人，必須把Talent Pool（人才庫）的資料擴大建構，就像公司的周轉金一樣，當有需要的時候就能從中取得。人才庫是長遠的投資，我會建議把目標群眾定得廣闊一些，組織會因為階段性發展的不同，需要不一樣層級的夥伴加入，除了上述的主動出擊管道之外，內部夥伴舉薦、校園徵才，或者忠實粉絲都能夠納入人才庫的檔案中，有朝一日可能成為企業需要的生力軍喔！甚至我會建議要打好跟離職員工的關係，好聚好散不交惡，讓人才知道公司的門永遠為他敞開，如果在外闖蕩累了，歡迎回家。

此外，在Covid-19的疫情影響下，許多企業被催化轉型，混合式工作儼然成為新顯學，有些產業別的形態，不見得只能找尋國內人才，甚至可擴大範圍到海外尋求專業且有經驗的夥伴。又或者工作形態轉變成外包形式，從過往一條龍的經營脈絡調整為跨界合作，比方說飯店的洗衣房與花房、媒體公司的攝影部門、行銷文案小編等，以外包模式跟其他專業異業合作，或許有些夥伴不用自己內部養成，反而能創造共好的亮眼成效。

GE前董事長傑克．威爾許（Jack Welch）曾說：「縱使獲得世界上最好的策略，但是如果沒有合適的人去發展與實踐它，這些策略恐怕也只能光開花卻不結果。」別一味專注於追求完美的人才，試著成為辨才適所的伯樂，打造一個能夠幫助夥伴發揮長處的團隊，是身為領導者重要的使命之一。

員工犯錯該怎麼給回饋，才不會讓他玻璃心碎一地？

小金和小辛是同時間晉升的小主管，某天正針對如何給予員工指導回饋而交流著。

小金說：「我覺得當主管最難的不是做事，而是要管人，以前只要顧好自己就好，現在團隊每個員工的成敗也都是主管的事。」

小辛點頭回應：「對啊，我覺得最困難的不是找到錯誤，而是要怎麼跟員工開口，然後還要講得不傷和氣，讓他覺得我是對事不對人，這個才是挑戰哪！」

主管的成績，是所有夥伴表現累積起來的總和，無法置身事外，必須幫助每位夥伴都能達標，而這其中的回饋技巧，便是相當重要的管理能力。

然而許多人都是當上了主管，才開始學習如何給予回饋，有的人只做到批評究責，造成負激勵結果；有的選擇軟性規勸，但改善成效總是不彰；有的人則在每次考核期間才給回饋，憑印象給分數交差，這樣的回饋往往也不夠客觀。

在給予員工回饋時，首先需要思考想要達到何種目的成效？比方說：希望提升績效、改善遲到問題、強化顧客關係……等，應避免批評式、結論式的回饋。

批評式的回饋像是「你這次業績狀況很糟糕、你這個忘了做、你不夠積極努力」，針對結果表現給予的評語，而非針對行為調整上的期待，即便出發點是基於稱讚，也容易顯得沒意義。當你跟員工說：「顧客說你的服務很好。」這個結果是服務很好，但具體哪裡做得好，卻沒能提出來。

每一次我在給員工回饋之前，總會問問自己：「這個對話目的，是要檢討員工缺失，還是幫助他能夠做更好？如果是後者，那我能如何引導他正確執行？」倘若回饋無法幫助夥伴了解自己做對了什麼、做錯了什麼，沒能改變錯誤，也沒辦法複製成功，這樣的回饋便失去意義，也容易讓員工無所適從。

此外，回饋時需要以具體且客觀的角度來溝通。員工之所以會玻璃心，是因為主管的回饋，往往具有讓人誤以為是帶有主觀的人身攻擊。

「你很懶散，常常遲到造成別人的困擾，你應該想想要怎麼改善。」

「我看了打卡紀錄，這個月你遲到了八次，我們來討論能有什麼改善計畫，讓遲到的事情不再發生。」

上面這兩種點評，你覺得哪一種比較對事不對人呢？

說話的藝術很重要，道出客觀事實還是主觀評語，將會讓接收者擁有截然不同的感受。就上面的案例來說，縱使闡述同樣的事情，然而第一種表達方式，比較容易讓員工感覺是批評「他本身」差勁，而「常常」也是屬於主觀的詞句；反觀第二種是針對「事情」的結果有更高的期待，並且是拿客觀數據出來探討。

當你會認為員工有不如期待的表現，不論是績效、態度或是專案成效，一定是他做了什麼行為，才讓你有這樣的感受，只需要針對具體的行為來要求改善即可，目的是修改不如規範、不如成效的「事情」，而不是「人」。

你可能會問：「小安，即便我點出了客觀實證，也給予改善的行為方案，但員工都會有他的藉口怎麼辦？」

在這邊我分享幾個朋友聊天的案例。朋友A分享：「我不理解為什麼大家都愛抱怨上下班會塞車，遲到也要怪交通狀況，怕塞車可以選擇搭捷運，班次多又準時，明知道有好的選項卻不去做，只是單純喜歡抱怨吧！」朋友B則說：「你有嘗試理解過這些通勤族有多少比例是在捷運站附近上班嗎？轉乘的時間會不會更長呢？他們的工作性質是不是需要不停移動的業務呢？當你沒有了解對方的理由，就很容易看成了藉口。」

回到前面的提問，當你祭出客觀實證，也給予改善的行為方案，但員工總有藉口回話，我們可以思考的是，員工是在不受教地頂撞，還是在嘗試讓你理解他的觀點？在能夠滿足對方需求的前提下，先能夠接收對方的觀點，不論是藉口還是理由，傾聽員工當時作這個決定的原因是什麼？思考的出發點是什麼？沒能達到目標的原因是什麼？怎麼能夠更加提升？了解員工的認知跟你的想法差距有多大，再進一步思考如何補足中間缺口，這時候給的建議指導才有機會被吸收，捍衛自身立場的防衛心也才能降低，這才是建設性回饋。

與其粗暴地點明錯誤，不如試著傾聽夥伴的緣由跟想法，再帶著夥伴一同回顧所有行為節點，探索所有可能不正確的行為，確認它們錯誤的原因，進而運用它們改善未來的行為，這種雙向的對話，將有助於提升與同仁們的合作關係。

那麼應該多久給一次回饋呢？答案是「沒有一定」。有的是專案進行過程中就需要回饋跟進、有的是整個案子結束再來回顧、有的是伴隨一季一次的考核，但不論頻率如何，一定要定時定量，並且納入工作排程表中來進行，否則只會被其他事項填滿，應接不暇地只能用零星時間進行員工面談，這樣的成效絕對不好，最終只能把好跟壞的回饋一併搪塞。在時間不足的狀態下，若只是點出失誤，要員工回去思考改善計畫，主管卻沒能給予好的指導，這樣的面談結果很難達到期待成效。

我在給回饋時，只跟夥伴們談三件事，分別是停止行為（Stop）、持續做到（Keep）、開始做到（Start）。

只針對「行為本身」給予建議、回饋，制止一切不合理、不必要的錯誤舉止，同時引導夥伴回顧做得好的地方，鼓勵他們繼續維持下去，最後要求並導正，協助他們產出正確或期待的行為。當然，我不會只是點出什麼可以做、什麼不能做，還會告訴他為什麼要這麼做，解釋這些行為對他們個人的影響，才能有效啟發動機。

有時候員工會害怕跟主管面談，因為覺得被指責的機會居多，其實正向的回饋也很重要，只有做錯的時候被檢討，做對的時候沒被重視，員工們自然會把回饋面談與檢討指責劃上等號。

主管往往會有個盲點，認為員工應該知道自己怎麼達標的，然而並非每個人都知道自己怎麼做才對、如何複製成功模組，所以在面談過程中，主管便需要帶著員工回溯，以強化正確行為。舉個例子來說，當你要給予績效回饋的時候，可以這麼說：「這個月你達到業績一百萬的目標，表現相當出色，我們來回顧一下你這個月做了些什麼？拜訪多少客戶？提案流程是什麼？多久跟客戶跟進？」引導員工細細回溯各節點時，主管從中點出可以持續複製的好行為，讓回饋面談不論是談論優點或缺點，都有能供員工學習成長的地方，成為幫助夥伴更好的存在。

人都不喜歡被挑錯，也討厭被指責，但我們都希望成為更好的自己，希望自己的付出能有成績，相信員工對自己也會有同樣的期待。身為主管的你，一路累積了許多戰功與經驗，能夠透過回饋給予提點指導，適時地跟進，能避免失誤擴大到無法彌補的地步，同時也能在回饋面談時關心員工休假狀況，在業務旺季之前，提早做好部門的人員布局，相信你的管理領導，能更駕輕就熟唷！

如何有效地激勵夥伴，提振團隊士氣？

小武在年度考核與部門內的員工進行一對一面談時，發現夥伴們似乎有種烏雲籠罩般的低氣壓。雖然離職率不高，但小武總覺得團隊的士氣很差，大家做起事來少了積極與動能。甚至連新人加入也受到影響，做起事來畏畏縮縮，原本面試時的活潑樣貌居然蕩然無存。

當你拿著旗子揮舞著，帶領團隊衝刺前進時，大喊著：「衝啊！目標就在眼前了。」一回頭才發現只有自己在前頭，夥伴們都在後面步履闌珊，你內心一定很焦急吧！

每個人剛加入一間公司或是擔綱一項職務時，多半都是熱血激昂的心態，究竟是被什麼消磨了這份熱情，又該如何有效地激勵他們，才能夠保有一定程度的動能？其實不論年資或年齡，人都需要擁有「社會價值」，而這當中包含了三個元素，分別是：自我影響、群體貢獻、個人標價。

首先讓我們來談自我影響。發揮影響力有兩種看似矛盾的層面，一種是利己，一種是利他。利己的影響力，主要展現在使用自己的話語左右對方決策，抑或是讓對方採納想法，舉凡向上提案順利、談判說服成功等；利他的影響力則出現在正向人際關係的需求，人們會以同理心為出發，建立彼此之間的共同性與共鳴感；即便是不同社交的特質，也至少希望不與人交惡。

兩種影響力都很重要，隨之也帶出了「群體貢獻」的元素。利己影響力能夠看見自己在工作上的能力展現、對團隊能夠有所建設，正因為知道自己的貢獻有意義，更能強化個體在團體裡的歸屬感，帶來更多的投入。而利他影響力在群體貢獻產生的意義是，人們會感受到自己與他人的連結性，知道自己是團隊中的一分子，進而產生安全感，也更願意對彼此付出更多，產生更大的合作貢獻。

最容易被看見的外顯薪資福利條件，則是屬於「個人標價」，這是經常被拿來作比較權衡的元素。然而主管不見得能完全主導部屬的薪資，即便是董事長，在運營開支的策動上也需要對股東交代，畢竟每個職位都有相對應的薪資結構存在，很難無限上綱地用更多薪酬去激勵員工。當然，曾在人資單位工作的我，主張至少必須給一份對得起該職務的薪水，否則連基本的個人標價都無法滿足，更別提其他遠大的期待。

既然我們希望員工不要僅關注在個人標價上，勢必需要透過自我影響與群體貢獻來滿足，那麼具體激勵的做法，我建議可以從「目標連結」、「行動連結」、「思維連結」與「人際連結」來著手。

人之所以會對一件事情感到疲乏，是因為日復一日做一樣的事情，看不見自己的進展，認為自己只是龐大機器裡面的小螺絲釘。但其實沒有一個工作是微不足道的，就算是小螺絲釘，也應該讓他看見自己扮演好的角色，能夠對整個龐大機器產生多大的結果與成就。這幾年許多企業都提倡願景實踐，讓員工知道自己做的事情，是如何幫助企業推動這個目標，把他的自我價值與行為展現，跟公司的願景方向串連，建構夥伴的「目標連結」。

在溝通目標期待後，接著是「行動連結」的落實。一家企業裡的每個部門是相互牽連影響的，每個單位的不同成員，都用各自的方式來達到整體的目標願景，每個人的行為與產出都是環環相扣的。在職場上，我們最怕自掃門前雪的人，自顧自地把分內的事完成，卻不顧及其他人，這種人往往會讓結果偏離期望，甚至演變成負面效應。

比方說客服人員接到顧客來電，表示送修的物品早已超過原本告知的完成期限，至今都還沒有接到回音，這時候假如客服人員只負責協助轉接電話，沒有詢問更多細節，包含姓名、維修單號、進度狀況等資訊，導致客人轉接等待時間過長或需要再次複述問題，最後可能導致一個簡單的送修進度查詢演變成客訴案件，這是一開始就能避免的事情不是嗎？因此，必須讓員工看到每位成員的行動會產生的連鎖反應，知道自己對別人有所影響，別人也對自己有所連動，彼此是一個行動連結的團隊。

此外，在與夥伴溝通組織的願景、任務的目標與行動方針時，注入「思維連結」與員工分享這麼做的緣由是什麼？決策準則依據為何？流程設計的概念又是什麼？夥伴對於這樣的計畫有什麼建議？透過思維觀點的交流，來增加員工主動參與的感受，分享彼此的想法與策略。有別於傳統單向性的指令下達，思維連結所創造的參與感，能提升夥伴對於任務目標的認同感，較容易把自身與團隊相結合。

當每位夥伴的行為能將共同的目標拉齊、成員之間都了解彼此的重要，大家每個行動都是息息相關的、能夠分享彼此想法與經驗，就能透過不斷地溝通來促進思維交流，透過相互協作共好逐步奠定正向的「人際連結」。

許多企業都很努力在推動員工間的人際連結，不管是員工旅遊、員工社團等活動，都是希望拉近同仁間的距離。我們以為只要有了人際連結，工作中自然就會產生連動性、產生「團隊合作」，卻沒想過，當團隊中缺乏目標連結、行動連結及思維連結時，每個員工都將只專注於達到自身的目標，根本無心了解彼此，甚至思考團隊的需要，最終將導致團隊內的人員隔閡，當然也就降低了他們發揮影響力及貢獻的可能。

這也呼應了心理學家阿德勒提到「社會情懷」（Social Interest）的觀點，阿德勒認為人在出生之後，便會試著在各個環境中找到自己適切的位置，希望把自身的獨特性能貢獻於群體之中，同時個人也感受到自身的價值與意義，當人們找到對某一團體的歸屬感，就會自願地對群體作出更多的奉獻。

身為主管，想要促使社會情懷的擴大，在提振團隊士氣時可以嘗試帶領夥伴「慶祝成功」，不見得是請大家吃飯的實質「獎勵」，而是至少要做到「講勵」，重要的是每位成員的個別表現都有機會被獨立看到。在回溯成功節點時，標註每一位參與夥伴個別貢獻與付出行動的細節，同時拉回組織目標連結的達標，以及夥伴之間是如何創造彼此行動的連結，不斷地強化自我影響與群體貢獻的分量。就像是金曲獎跟金馬獎頒獎典禮般，獲獎人上台時會回顧細數每一位夥伴的付出，包含家人朋友的支持，也都在感恩清單裡。

即便要針對失誤的項目作檢討，也千萬別用糾錯究責的方式來打擊士氣，請相信，沒有任何一個人是故意要把事情搞砸的，員工之所以會做錯，通常都是不知道怎麼做對，以及不懂得如何持續做對。因此提振士氣的其中一個要素，便是要勇於「接受失敗」，讓員工知道這項失誤需要一起面對、一起思考解決方法，避免引發「成功的時候自己人、失敗的時候變外人」的崩壞感。

若主管懂得與同仁一起慶祝那些有價值，並能帶來學習性的失敗，試著肯定人員在過程中的貢獻、思考及嘗試，這將會培養一種正向的風氣，讓「試試看」成為內部的共同文化。畢竟，領導者的成功，不是因為他們自己很優秀，而是因為能夠激勵夥伴展現優秀，而你便是如此的存在。

要怎麼培養左右手？

「我當店長好多年了，感覺職涯似乎已經有滿長時間的停滯，不知道是不是有機會作新的職務調整呢？」小飛詢問著人資主管。

人資主管回覆：「公司都有看見你的能力，但是倘若要調你去成為區主管，意味著必須有人可以接替你現在的職位。就你的長期觀察下來，心中有屬意的接班人選，或是有持續栽培的夥伴嗎？」

「我每天都在忙當著主管，根本沒有觀察底下有誰適合，也沒有想過要開始培養左右手，只有每天分派任務給當班人員而已，培育部屬難道不是人資部門的工作嗎？」

維珍集團創辦人理查・布蘭森（Richard Branson）說過：「栽培員工，讓他們強大到足以離開你；善待人才，對他們好到想要留下來。」這看似矛盾的一段話，卻道出了培養左右手的精髓，好的主管不會擔心傳承之後被取代，反而是發自內心願意看見夥伴的成長與卓越。

如果你期望職涯能爬升成長，那麼就必須提早做好傳承，讓人才接替你的位子，更能成為生力軍。即便你的未來可能不在這間公司，做好培養部屬將能夠累積職場人脈，最基本的至少在你的任內期間，他們能成為你最棒的徒弟與王牌。

一個好的經理人應該具備「看出員工專長」和「下放權力」的基本能力，因為我們不可能精通所有事情，但一定要找到員工擅長的事情並加以培育，使他大放異彩。除了提升夥伴的專業能力，以達到績效目標；同時間也規劃他的成長目標，教導做人與做事的標準，不斷成就使他變得更優秀。

以我培養左右手的經驗來說，我會一次培養兩個人，他們分別是「複製我」以及「互補我」的角色。複製我的夥伴意味著他的特質、價值觀、擅長與我相近，多數是能夠分擔我的工作；互補我的夥伴則是能補足我的不足、給我不同的觀點，通常可以處理那些我不擅長的任務。

與「複製我」的夥伴溝通起來格外順暢，縱使他的專業能力或許不及主管，但是因為觀念背景的基礎相似，每次在交辦任務時只要稍微起個頭，他就能延續下去或是舉一反三。以我過去擔任培訓主管來說，這位「複製我」的夥伴能夠協助我發想課程與授課，我們可以激盪出許多創新、一起跳脫框架地策劃訓練課程，更一起享受人員培訓的過程。

那麼與「互補我」的夥伴溝通起來呢？表面上看起來似乎有著比較多的衝突性，畢竟是較為相反特質的兩個人；但我會刻意要求自己先放下自己的主張，試著讓互補我的夥伴優先提出他的想法與建議，成為我的軍師，協助點出我可能忽略的盲點。在培訓的工作上，他能夠照顧到講義的製作、行政流程、參與員工安排、課後反饋蒐集等細節，甚至有時會把我的天馬行空拉回現實，點出潛在問題與落實難度。

培養人才很不容易，為什麼要這麼麻煩地一次培養兩個人呢？的確，培育是一種短期間內不見得可以看到成效的投資，卻是相當必要的存在。我相信這世上沒有一個人是「完人」，包括你我也同樣，所以我在培養部屬時會刻意找兩種不同面向的人來栽培，才有機會打造互補型的團隊。

看到這裡，你可能會問：「一次培養兩個人，但最後還是只有一個人可以成為接班人，那麼另一個人會不會選擇離職呢？」這是一個很好的提問，的確這兩位左右手在職位上會處於競爭關係，但我同時需要為他們注入協作共存的觀念。他們都了解自己的擅長以及需要補強的另一塊，兩人學習相互依存、一起作出決策，即便會有觀點上的衝突，也要勇於討論與思辨，目的是為了幫助事情更加圓滿達成，且不會因為自己既有的框架而局限。所以不論最終是哪一個人升職，都有另一位成為那個客觀的聲音；縱使有一個人離開，在養成「找尋互補夥伴」的認知後，他們也知道自己需要去找到失去的另一塊，彼此是一種競合關係。

然而，只是把身為主管的任務分配交辦了、教你看懂財報、排班等工作，這不叫培養接班人。金庸小說《射雕英雄傳》裡面提到一段話：「教而不明其法，學而不得其道。」指的是在教導的過程倘若沒有讓指導對象了解其中的技巧、理論與邏輯，也沒有釐清學員的情況，盲教的過程是很難讓員工開竅與習得箇中道理的。所以在培養左右手時不該只專注於外顯技能，同時也要傳授內功，學習才能更為扎實，而職場上的內功便是培養思維的進化。

在培育「複製我」的時候，要養成的是「深度」，傳承你的經驗與眉角，讓他看見更高的標準，在任務上引領他思考更加周全。身為主管的你，就像是教練的角色，伴隨他刻劃致勝的戰術。比方說，你可以分享：針對這個計畫是否有其他需要加入的評估的重點？在你的經驗下，這樣執行的可能風險是什麼？你的決策依據是什麼？我甚至會介紹更厲害的大師給夥伴認識，讓他了解上司也在追求一個更高的標準，我們是一起向上、一起成長的關係。

對於「互補我」的夥伴，之所以叫互補，代表他熟悉的領域是我所不足的，所以需要交託給適合的專家帶領。這時候身為主管者，不是擔任教練的角色，而更多是導師的立場。主管要好奇夥伴的學習進度與收穫，引領他回顧及共學；就像把孩子送去學校上課回來後，父母不該只是關注成績單，而是要參與他的學習過程，了解他學到了些什麼。當然，你所交託的專家對象，必須跟你有相當程度的信任與熟悉，未來也比較能夠持續跟進。因此在挑選專家時，不能只看能力，更要看價值觀的契合度。我們總不希望員工被教育成了對立方吧？為了避免導致這樣的結果，在人員學習的過程中，我們的參與及跟進就變得格外重要。

「能做好一件事情」跟「知道怎麼做好一件事情」，是完全不一樣的兩件事。培養跟自己很像的人，在傳授指導的過程中，可以幫助你把自己的成功經驗模組化、系統化；培養互補型夥伴，則是能夠跟著他一起成長，補強自身原本不擅長的短板。人們總會認為育才很辛苦，但我認為這其中最大的獲益者是主管本身，你將會知道自己哪裡優秀、還有哪裡需要是強化的，才有機會成為更圓融與全面的領導者。

年度考績要怎麼打才公平？

小蓮跟小妃分別是不同單位的同事，私下則是無話不談的好友，在考核結果出爐後，兩人相約在外頭午餐，彼此交流自己得到的成績結果。

「我先說，我拿到了B等，妳呢？」小蓮興奮地說。

「真羨慕妳，我只拿到了C，而且是業績表現不好所以拉低分數。」小妃嘆了口氣並接著說：「但我真不懂，聽說我們部門的小七他居然拿到了A等，有好幾次他的業績前期都是我在幫忙，只是最後由他負責結單，但這不是他一個人的功勞，憑什麼好處都給他拿去？」

小蓮拍拍小妃安慰道：「妳一定覺得不公平而且很委屈吧！至少應該可以拿一樣的成績，不至於會差這麼多。我猜想，會不會是因為他跟主管的關係比較好？」

基本上，考績要達到完全的「公平」是不太可能的，這對主管來說本身就是一個不容易的挑戰。多數人會認為自己並沒有那麼糟糕，即便在某些領域上表現差強人意，但也認定自己在其他地方有所貢獻，甚至把別人拉進了比較的參考值。畢竟每個人都希望自己是好的，因此在面對負面評價時，會不自覺地想盡辦法為自己辯護，即使自己知道不合邏輯，嘴上也會喊著自己就算沒有功勞也有苦勞。

首先，主管需要思考的是：考核的主要目的究竟是什麼？

有的人是為了獎金分配出發，公司會設定每個部門的獎金額度，而主管就依照總金額與部門人數，來計算每個人大致上可以分配到的獎金多寡。以發獎金為目的的考核往往會碰到一種狀況，如果同時有兩位員工的整體表現都極佳，但是A等的配額只有一位，勢必會有其中一位只能「被迫」歸納到B等，對於這位員工來說，這樣的考績結果就有欠公道了。

我認為考核的目的在於：檢視主管與員工這段期間的合作成績單，我如何幫助你成長，你如何協助我達標。部屬的考績結果與主管的領導能力息息相關，員工是否因為主管的任務指派、資源分配或策略擬定不好，以至於表現不佳？員工在每一次的面談中是否能因為主管的引導與指導，而產生更好的績效表現？考核面談絕不是打分數、發獎金，或是檢討員工們的貢獻程度，最重要的是聚焦彼此對於目標期待的共識、分享做事的準則，以及探討可能的計畫選項。

或許你會想：「我都有說明目標期待、做事準則跟計畫選項，但員工就是不願意聽呀！」這就像是你有一個很棒的產品，當客戶不買帳時，你一定不會第一時間怪顧客不識貨，而是會想盡各種方法調整服務、通路或行銷方案吧？面對員工也是如此，在你給予考核回饋或行為指正時，也是需要不斷地嘗試各種方法，確保部屬能真的理解接收，並且做到你期望的成長。之所以會說考核是主管跟員工的共同成績單，正是因為這是必須兩個人共同努力才有的結果。

主管除了給予像是業績數字、產能數字等生產目標之外，還要思考如何幫助員工產生行為習慣的調整、技能與知識進化的成長目標。舉個例子來說，半導體的主管給員工設立目標，希望下一季要提升二十萬片晶圓的產能，這是所謂的生產目標；而要達到這個結果，則需要讓夥伴學習智慧生產系統與大數據分析的技術操作，以整體提升產品良率，則是屬於成長目標。這一次的考核是檢視上一次的生產與成長目標是否有達成，以及接下來如何能作優化調整，直至下一次的考核來到之前，都需要定時定量跟進，千萬別到了下次考核才進行面談喔！

之所以要定時定量跟進，是因為人很容易產生「近因效應」，這是心理學談論到人們會對於他人較為近期的認識，而掩蓋了以往整體的表現作評價。一位部屬過往表現都不錯，然而在考核前兩週卻不盡如人意，落入近因效應的考核，往往就會被聚焦於近期表現不佳的部分，而忽略過往的平均整體表現。

相信身為主管的你，每天要記得的事情太多了，與其到了考核之前必須強迫自己回憶每一位團隊成員的點滴表現，倒不如準備一個小冊子，當你發現夥伴有不錯的成績與行為展現，可以立即記錄在小冊子當中，即便是那些看似平常的小行為，舉凡把檔案資料整理到更容易查詢、留意辦公室的整潔、懂得關心與激勵同儕等。

為什麼會建議你記錄那些微小的事情？因為人通常對於大的事情比較容易產生記憶點，這是所謂的「尖角效應」，比方說你會記得去年生日吃什麼，對於前天吃的東西反而沒印象。面對夥伴也是同樣，主管容易對那些有爆發性業績成長的人員有比較強的印象，而表現成績相對穩定者，卻很容易被忽略，甚至認為他只是完成分內工作罷了，而因此賦予他表現平庸的考核結果。所以我在考核面談前，會請夥伴在一開始就先分享自己這段期間的光榮時刻，讓我有機會看到那些可能被我忽略的貢獻。

要避免自己的評價淪為主觀，需要為自己注入客觀性的機制，才能看見更全面的觀點。除了前面提到的隨身小冊子之外，也可以導入三百六十度評核制度，這種多維度的評價蒐集包含來自於考核者本身、同儕、上司、下屬，甚至是顧客的回饋，讓主管的分數不是絕對的指標，而有更多參考的依據。此外，三百六十度考核建議以匿名方式進行，因為這些蒐集到的資訊很可能會跟主管本身的觀點相左，具名的狀態下很容易落入確認偏誤的謬思，認為這個回饋不準確，因為他們有私交；這個回饋不精準，因為他是跨部門單位……等，反而又回歸到主觀的評價上。

此外，主觀差異也可能在評比分數的標準上出現，比方說考核表上的給分級距為一～五分，A主管認為做到工作職掌內容就能拿到三分，超越期待表現為四分，協助分擔主管的工作為五分；而B主管則認為員工只要能做到聘僱時所被要求完成的工作項目時，理當給他滿分。因此，人資或行政單位在設計考核表單時，需要特別標註說明各項評核的指標，盡量拉近主管們的標準，避免讓主管們自身對於分數的主觀認知影響結果。

你可能會問：「小安，那應該多久進行一次考核呢？」其實這沒有一定的標準，次數過多不見得好，但一年一次或是不固定的考核，絕對是不健康的頻率。有一些外商公司與員工是一個月進行一次 one on one 回饋，但是我認為這樣的頻率對於雙方都是過於負重的壓力；若能做到一季一次與夥伴進行深入的面談交流，回顧上一次聚焦的內容，有哪些是當初點出需要提升與改善的地方，而這段期間是否有所落實及成長，讓員工有時間練習施行新的調整方法，同時間觀察夥伴是否擁有想要做得更好的上進心。

考核面談是雙向的交流，在主管給予回饋之前，建議讓夥伴先分享自己這一季做了哪些好的事情、有哪些具體的行為改善等，透過部屬的分享與觀點，或許能帶來一些不一樣的洞察，帶出那些被我們忽略的貢獻與付出。

回到一開始談到的考核目的，應該是對於過去一段期間所做的努力來作檢視而不是檢討、評鑑而不是評論；考核可以是一個幫助你辨識與發展人才的工具，更是與團隊夥伴工作起來更加契合的媒介。

如何引導部屬正確執行任務？

「為什麼一開始交辦任務的時候都說沒問題，最後做出來的結果差這麼多？這樣的品質你認為客戶會買單嗎？」主管小寺問道。

員工小芬回答：「我以為當初您的意思是這樣，然後我中間還有幾個案子同步在進行，所以我時間排程上好像有點緊……」

等員工離開主管辦公室後，小寺心想：「天哪，一個員工身兼多個案子不是基本的嗎？為什麼沒辦法好好地把任務完成，難道什麼都要我盯嗎？我哪有這麼多美國時間。」

管理大師彼得・杜拉克（Peter Drucker）曾說：「企業是集合眾人努力，

以完成共同目標的組織。」而如何確保每位夥伴都能將各自的技能充分展現、並且確實完成被賦予的目標任務，主管便是重要的存在角色。

一般來說，在職場上分配任務時，會分成工作型任務與專案型任務。舉凡表格填寫、資料建檔、機台操作等單一項目的類別，屬於前者；而後者通常會是一連串的流程，從計畫、執行到產出，由多個工作型任務所組成。針對單一項目的工作，透過直接的技術指導、示範教學、SOP傳授，幫助員工了解完成這項工作所需具備的話術是什麼、該怎麼操作、標準是什麼，只要完整依照執行，基本上不會有太大的失誤產生。專案任務則是多項工作所組成，而彼此之間具有連貫影響性，相對較為複雜，我們這個篇章就來著重探討這一塊。

主管在指派專案任務給員工時，腦袋當中通常已經有一個期望的雛形樣貌，但往往跟員工最終的產出有所落差，這是因為有許多細節不見得是部屬能夠預想到的。

舉個例子來說，假設你今天要交辦公司年度春酒的專案任務給部屬，卻沒有事前做好明確的說明：何時要安插加碼環節、記得安排董事長與貴賓致詞、哪幾位主管不能安排男扮女裝的橋段……等，類似這些必須注意的小細節跟底線，員工僅依照自我的認知下行動，便很容易踩到雷。

倘若主管在事後作檢討時對員工說：「我原本以為你知道該怎麼做，所以沒有特別跟你說，沒想到你居然什麼都不知道！」員工內心只會認為：「那你為什麼不早說？」我會建議，若要引導部屬正確執行，最首要的就是不只「反饋」，也要「前饋」，反饋是事後的檢討，前饋則是事前的聚焦。

回到舉辦春酒的案例，倘若主管在交辦任務前跟員工分享，其中有四個必要安排的環節，那麼員工在整個三小時的活動中，至少能先思考如何將這些必要點安插進去，主要架構確認完成後，再來補上其餘的環節。而不是從無到有的規劃完成之後，到主管這邊呈報時，才被告知流程需大幅調整，對於想把事情做好的部屬來說，這著實是一個反激勵的行為。

你可能會說：「員工自己應該主動提問啊，中間也應該適時回報，而不是等到最後的節骨眼了才來大翻盤，浪費這麼多資源跟時間。」當然，我們期望員工都能夠主動積極地提問與回報，然而多數夥伴們往往會有怕打擾主管、不知道哪些事情可以發問，甚至不敢表達想法的狀況。透過給予明確框架跟流程，幫助團隊成員清楚知道進程走到哪個階段就該回報，藉此提升專案任務的執行成功率。

以前我的上司在交辦任務給我的時候，傳授了２４８１０的概念，這是相當好用的專案管理方式，分別代表的意思是20％、40％、80％、100％的進程狀況。我們以二十天的品牌行銷專案執行來舉例：

20％意指四天內，員工要提出三個不同的計畫方案雛形，包含這場行銷活動目標成效是什麼？主要客群是誰？有搭配促銷的產品或是單純打品牌知名度？地點在哪裡？預算是多少？大致上的流程是什麼？可能有哪些潛在困難……等。透過授予計畫權，讓員工有機會將想法轉成辦法，提出一套計畫，說明所需資源的應用，與主管針對目標及預算作對焦協商。

40%表示八天內，從三個方案中選定一個計畫執行，確保能夠符合預算、設備條件能夠滿足、外部協力廠商的溝通、內部人力的支援安排，同時確認潛在困難的排除。

專案的前四天是屬於初步的計畫，中間可能有不夠完善的地方，必須在八天內排除障礙，以敏捷管理的方式加以滾動調整。比方說原本初步認為整體預算在五十萬內可以完成這個行銷專案，但經過每個環節的執行時，發現碰到各家活動熱門檔期，在公關媒體的費用是超出原本預算的，這時候便要評估是否跟上司提出預算增加的提案，亦或是調整其中某些內容以降低開支。

人們總說計畫趕不上變化，我們選擇了一個計畫，但不執行看看又怎麼知道到底能不能走下去呢？此外，計畫時總會出現許多的困難點，但多數難題在執行前都是想像出來的，必須真正行動後才能了解其真實性。舉例來說，我曾在計畫舉辦一場內部公益活動時，被主管告知在申請預算時可能會有困難，但在真正向上簽核時卻又被順利放行，甚至還被高層詢問是否需要增加預算以利活動的舉辦。以上的種種都是我們在計畫時無法掌握的，唯有嘗試才能知道。

在專案進程走到40％的過程中，主管的角色是能夠協助員工做到障礙排除與計畫優化，才能夠幫助任務的完成度大幅提升。假設這場行銷活動要找一個能夠容納兩百人的會場，經過洽詢之後發現原定的活動日期並沒有符合條件的場地，只有更大或較小的選擇，在日期無法再行調整的前提下，員工可能會基於控制在預算內而選擇小的場地，想說座位安排靠近一點就好。但身為主管的你便能當機立斷地提點：「我們要讓賓客都舒適地入座，而且在疫情期間保持一點安全距離比較好，就選大的場地吧！這樣反而可以思考邀請更多的賓客參加，至於超出預算的部分我再去爭取就好。」因為有些細節不見得是員工料想得到，或是容易舉棋不定選擇困難，主管在這時候以自己的經驗適時介入就很重要。

80％則是專案的十六天左右，這個階段是所有流程細項都確認得差不多了，舉凡賓客名單、活動背板、會場布置圖、主持人、促銷活動、人員安排、廣告曝光等，都已經蓄勢待發，這些都需要跟主管呈報，如果有任何細節或事項是需要注意的，至少在活動前四天還有緩衝微調的機會。

曾經有個品牌活動是以「潔淨、質樸」為訴求，員工思考以白色為基底作為會場布置，當初在３Ｄ示意圖呈現時都覺得不錯，但等到實體設計陳列出來後，發現居然像是告別式會場，這時候主管就趕緊給予提點建議作微調，讓設計團隊搭配一些木頭暖色系場布，突顯產品本身的潔淨質樸理念，也不至於過於冷冰冰。

這套２４８１０的進程管理，主要是讓員工明確知道每個需要回報的時間點以及進度內容，主管不再需要時時刻刻緊迫盯人，畢竟每天要關注的任務繁多。能夠在預計天數內提早達成當然是更好，但這會依照員工能力有所不同，只要預先設立好每個階段的deadline，就可以避免拖延導致後續時程的延宕。

這並非表示中間的過程都不用追蹤回報，要讓夥伴知道執行過程如果有任何狀況影響專案無法順利執行，舉凡跨部門協作困難、預算經費問題、廠商時程延宕等，員工是可以跳脫原定回報時程，跟主管預約時間好好聚焦，避免有些具有時效性的狀況，等到跟主管見面回報的那天，早已失去轉圜的餘地。

要引導部屬能夠正確執行任務，可以透過前饋來注入成功經驗與提點，幫助員工勾勒較為符合目標期待的計畫雛形，在執行過程中使用一定進度的回報機制來作指導微調。如果部屬做到80%才發現早已偏離目標期望，這時候進行大幅度檢討修改，反而更曠日廢時，員工也很容易因為做白工而感到洩氣。

我相信許多主管在專案結束時會與團隊進行任務回顧，通常會針對失誤或需要改善的地方進行檢討，卻鮮少點出好的地方作為成功模組的複製。每一個專案的完成，多少要能夠留下一些足跡，好提升日後其他任務的流暢度，比方說哪些協力廠商可以加入口袋名單、提案簡報能否變成範本、流程架構能否留存……等。未來面對類似的專案任務時，只需要做部分的增加或減少，而不用每次都像是全新企劃般從頭來過，也能夠有效提升團隊的執行效率。

國家圖書館出版品預行編目資料

職場優升學：25 個自我優化、能力躍遷的長勝法則 / 方植永（小安老師）著 . -- 初版 .-- 臺北市：平安文化．2022.11 面；公分（平安叢書；第 744 種）（邁向成功；89）

ISBN 978-626-7181-34-8（平裝）

1.CST：職場成功法

494.35　　111018719

平安叢書第 0744 種
邁向成功 89

職場優升學

25 個自我優化、能力躍遷的長勝法則

作　　者—方植永（小安老師）
發 行 人—平　雲
出版發行—平安文化有限公司
台北市敦化北路 120 巷 50 號
電話◎ 02-27168888
郵撥帳號◎ 18420815 號
皇冠出版社（香港）有限公司
香港銅鑼灣道 180 號百樂商業中心
19 字樓 1903 室
電話◎ 2529-1778　傳真◎ 2527-0904
總 編 輯—許婷婷
執行主編—平　靜
責任編輯—張懿祥
美術設計—嚴昱琳
行銷企劃—許瑄文
著作完成日期— 2022 年 7 月
初版一刷日期— 2022 年 11 月

法律顧問—王惠光律師

讀者服務傳真專線◎ 02-27150507
電腦編號◎ 368089
ISBN ◎ 978-626-7181-34-8
Printed in Taiwan
本書定價◎新台幣 300 元 / 港幣 100 元